"十三五"职业教育园林园艺类专业规划教材

园林花卉栽培与养护

主　编　杨　群

副主编　禹　婷　刘　玮　史　伟

参　编　连雅丽　孙悦溪

机械工业出版社

园林花卉栽培与养护是高等职业院校园林技术专业学生必须掌握的技能。本书根据高等职业院校园林技术专业人才培养目标的要求，从实践生产角度出发构建内容体系，注重园林花卉栽培与养护的实用性和可操作性，注重技能的训练与培养。全书分为六个单元，包括：园林花卉的基本知识；花卉的分类；园林花卉生长发育的影响因子；园林花卉的繁殖技术；园林花卉的栽培养护管理；园林花卉的应用等。此外，还配套了实训指导书。

本书可作为中职、高职或中高职衔接模式下园林相关专业的教学用书，也可作为成人教育园林专业的教学用书，亦可作为园林行业相关工程人员的参考用书。

本书配有电子教学资源，选择本书作为授课教材的教师可登录www.cmpedu.com 注册、下载，也可联系编辑（010-88379934）索取。机工社园林园艺专家QQ群：425764048。

图书在版编目（CIP）数据

园林花卉栽培与养护/杨群主编．—北京：机械
工业出版社，2018.3
"十三五"职业教育园林园艺类专业规划教材
ISBN 978-7-111-59033-0

Ⅰ.①园… Ⅱ.①杨… Ⅲ.①花卉 – 观赏园
艺 – 高等职业教育 – 教材 Ⅳ.①S68

中国版本图书馆 CIP 数据核字（2018）第 016638 号

机械工业出版社（北京市百万庄大街 22 号 邮政编码 100037）
策划编辑：刘思海 责任编辑：刘思海
责任校对：樊钟英 封面设计：马精明
责任印制：李 飞
北京新华印刷有限公司印刷
2018 年 3 月第 1 版第 1 次印刷
210mm×285mm · 7.25 印张 · 201 千字
0001—2000册
标准书号：ISBN 978-7-111-59033-0
定价：34.80元

园林花卉栽培与养护
实训指导书

班　级：＿＿＿＿＿＿＿＿

姓　名：＿＿＿＿＿＿＿＿

机 械 工 业 出 版 社

目　录

实训 1 园林花卉的露地播种育苗

任务1 整 地 作 床

一、目的要求

掌握整地、作床的方法，为播种、扦插育苗做好准备。

二、用具

铁锹、耙子、皮尺、木桩、绳。

三、方法步骤

1. 整地

1）清理圃地。清除圃地上的树枝、杂草等杂物，填平起苗后的坑穴。

2）浅耕灭茬。消灭农作物、绿肥、杂草茬口，疏松表土，浅耕深度一般为 5~10cm。

3）耕翻土壤。用拖拉机或锄、镐、锹耕翻一遍。耕地时在地表施一层有机肥，随耕翻土壤进入耕作层。必要时拌入药土（呋喃丹、福尔马林等）进行消毒。

4）耙地。耙碎土块、混合肥料、平整土地、清除杂草。

5）镇压。

2. 作床

1）方法。首先用皮尺确定苗床、步道的位置、大小，然后在苗床的四角钉木桩，拉绳，起土作床。

2）种类。

① 高床。床面高出步道 20cm，床面宽 100cm，步道宽约 40cm。

② 低床。床面低于步道 15cm，床面宽 100cm，步道宽约 40cm。

3. 要求

1）以实训小组为单位，每组做一个高床，床长 10m；一个低床，床长 5m。

2）要做到床面平整，土壤细碎，土层上松下实，床面规格整齐、美观。

3）各小组成员要明确分工，密切配合。培养团队合作精神。

4）注意安全，工具要按正确方法使用及放置。

四、作业

根据本地的气候条件，确定本地育苗整地、作床的种类、时间。

任务2 种 子 准 备

一、目的要求

掌握种子的消毒、催芽处理方法，为露地播种做好准备。

二、材料用具

1. 种子

大、中、小粒种子各 1~2 种。

2. 农药

福尔马林、高锰酸钾、百菌清、敌克松 湿砂等。

三、方法步骤

1. 种子消毒

（1）福尔马林 在播种前 1~2 天，将种子放入 0.15% 的福尔马林溶液中，浸 15~30min，取出后密闭 2h，用清水冲洗后阴干再播种。

（2）硫酸铜 用 0.3%~1% 的溶液浸种 4~6h，阴干后播种。

（3）退菌特 将 80% 的退菌特稀释 800 倍，浸种 15min。

（4）敌克松 用种子质量 0.2%~0.5% 的药粉再加上药量 10~15 倍的细土配成药土，然后用药土拌种。

2. 催芽

（1）水浸催芽 浸种水温 40℃，浸种 24h 左右。将 5~10 倍于种子体积的温水或热水倒在盛种容器中，不断搅拌，使种子均匀受热，自然冷却。然后捞出水浸后的种子，放在无釉泥盆中，用湿润的纱布覆盖，放置温暖处继续催芽，注意每天淋水或淘洗 2~3 次；或将浸种后的种子与 3 倍于种子的湿砂混合，覆盖保湿，置温暖处催芽。应注意温度（25℃）、湿度和通气状况。当 1/3 种子"咧嘴露白"时即可播种。

（2）机械破皮催芽 在砂纸上磨种子，用铁锤砸种子，是一种适用于少量大粒种子的简单方法。

（3）混砂催芽 将种子用温水浸泡一昼夜使其吸水膨胀后将种子取出，以 1∶3~5 倍的湿砂混匀，置于背风、向阳、温暖（一般为 15~25℃）的地方，上盖塑料薄膜和湿布催芽，待有 30% 种子咧嘴时播种。

3. 要求

1）以组为单位，根据种实及播种面积的大小确定播种量。

2）根据种实的性质，以组为单位，确定催芽的方法。

四、作业

根据播种种子的类别，选择种子消毒、催芽的方法，并说明理由。

任务3 播 种 工 序

一、目的要求

掌握播种的程序，了解影响苗木发芽的重要因素。

二、材料用具

1. 材料

准备的各种子。

2. 用具

耙子、开沟器、镇压板（磙）、秤、量筒、盛种容器、筛子、稻草、喷水壶、塑料薄膜等。

三、方法步骤

1. 播种

将种子按床的用量等量分开，用手工进行播种。按种实的大小确定播种方法。撒播时，为使播种均匀，可分数次播种，要近地面操作，以免种子被风吹走；若种粒很小，可提前用细砂或细土与种子混合后再播。条播或点播时，要先在苗床上按一定的行距拉线开沟或划行，开沟的深度根据土壤性质和种子大小而定，将种子均匀的撒在或按一定株距摆在沟内。

2. 覆土

播种后应立即覆土。一般覆土深度为种子横径的 1~3 倍。

3. 镇压

播种覆土后应及时镇压，将床面压实，使种子与土壤紧密结合。

4. 覆盖

镇压后，用草帘、薄膜等覆盖在床面上，以提高地温，保持土壤水分，促使种子发芽。

5. 灌水

用喷壶将水均匀的喷洒在床面上；或先将水浇在播种沟内，再播种。灌水一定要灌透，一般苗床上 5cm 要保证湿润。

四、作业

1）设计某一种类植物播种育苗的全过程，按时间的循序安排工作。

2）以组为单位，进行播种后管理，并将措施记录整理。

注意：以组为单位检查成活率，记入实训成绩。

实训2 | 园林花卉的容器播种育苗

一、目的要求

掌握园林花卉容器播种技术。

二、材料用具

1. 材料

园林花卉种子、药品、播种基质等。

2. 用具

浸种容器、播种容器（瓦盆或穴盘等）、喷壶（或浸盆用水池）、玻璃盖板等。

三、方法步骤

1）根据种子发芽、出苗特性，选择合适的种子催芽处理方法。

2）严格掌握浸种的水温、时间和药物处理的用药浓度及处理时间。

3）选择并配制好播种基质。

4）填装基质，进行点播或撒播。

5）覆土，浇水（或浸盆），盖好玻璃盖板，嫌光性种子再加盖旧报纸。

四、作业

1）任选一种常见的一、二年生草本花卉，进行穴盘播种的设计。

2）以组为单位，对容器播种苗进行管理，并将管理措施记载总结。

注意：以组为单位，检查容器播种成活率，并记入实训成绩。

实训 3 苗期管理

任务 1 园林花卉露地播种苗的管理

一、目的要求

掌握苗床管理方法与幼苗移栽技术。

二、材料用具

1. 苗床准备

用于幼苗移栽。

2. 材料

幼苗期苗木、各种肥料、农药、除草剂等。

3. 用具

花锄、铁锹、移苗铲、喷壶、水桶、喷雾器等。

三、方法步骤

1）根据苗木生长情况进行浇水、施肥、松土。

2）根据杂草、病虫害发生情况进行除草和防治。

3）根据苗木稀密适时进行幼苗移栽。

四、作业

观察抚育管理后苗木生长情况，杂草、病虫害防除效果，调查幼苗移栽成活率，并书写报告。

任务 2 园林花卉容器播种苗的管理

一、目的要求

掌握幼苗移栽技术及温、湿度管理。

二、材料用具

1. 苗床准备

用于幼苗移栽。

2. 材料

容器播种幼苗，各种肥料等。

3. 用具

移苗铲、喷壶、喷雾器等。

三、方法步骤

1）根据苗木生长情况适时喷雾浇水和追肥。

2）根据苗木稀密进行幼苗移栽。

3）调节温室内温度、湿度，使之适宜于幼苗生长。

4）视室内外温度差异，移植至露地栽植前，进行为期一周左右的"炼苗"处理。

四、作业

观察幼苗移栽及水肥管理后的生长情况，调查移栽成活率，并书写报告。

实训 4 园林花卉的扦插育苗技术

一、目的要求

掌握插穗选择、剪制、扦插及插后管理的技术。了解插穗的抽芽和生长发育规律。

二、材料用具

1. 材料

插穗：选用新疆杨、柳树等常见树种及金山绣线菊、锦带等常见花卉品种，插穗各若干。

药品：生根粉或萘乙酸、酒精等。

2. 用具

修枝剪、切条器、钢卷尺、盛条器、测绳、喷水壶、铁锹、平耙等。

三、方法步骤

1. 硬枝扦插

（1）选条 落叶植物在秋季落叶后至春季萌发前均可采条；常绿植物在芽苞开放前采条为宜。选生长健壮、无病虫害的母本植株上近根颈处 1 ~ 2 年生枝条作插穗。

（2）制穗 用修枝剪剪取插穗，枝剪的刃口要锋利，特别注意上下剪口的位置、形状、剪口的光滑，以利愈合生根。插穗长度、粗度适宜。

上剪口距顶芽 1cm，下剪口最好在环节萌芽处。上下剪口都为平剪口，穗长 10 ~ 15cm。

要求每组剪制 1000 个插穗，按粗度进行分级，芽方向一致，每 50 根一捆，挂号标签。在地窖内进行砂藏。储藏时，生物学小头向上，一层插穗一层湿砂，适当透气。

（3）催根处理 用浓度为 1000 ~ 1500mg／L 的生根粉或萘乙酸速蘸，促进生根。也可以用较低浓度的生根剂、温水浸泡催根。

（4）扦插 在事先准备好的插床上扦插，用直插法。落叶植物将插穗全部插入，上剪口与地面相平或略高于地面。密度可根据植物种类、肥力高低等确定。注意插穗与土壤或其他基质一定要紧密结合。

（5）管理 插后要立即浇透水。上覆一层黑色塑料薄膜。各地根据实际情况制订养护的措施。

2. 嫩枝扦插

（1）选条 选生长健壮、无病虫害的半木质化的当年生嫩枝作插穗。

（2）制穗 用修枝剪剪插穗。每穗要带 2 ~ 3 片叶或带半叶。注意插穗不要太长。采、制插穗要在荫凉处进行，防止水分散失。

（3）催根处理 一般用速蘸法处理。激素种类与浓度与硬枝扦插相近。

（4）扦插 一般在砂床上进行。采用湿插法直插。扦插深度为插穗长度的 1/3 ~ 1/2。密度以插后叶片相不覆盖为度。

（5）管理 扦插后用足篾架设小拱棚，上覆塑料薄膜，再搭设遮荫网。生根之前，保持空气湿度。最好采用自动间歇喷雾装置来保持空气相对湿度，防止高温危害插穗。按要求适

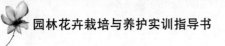

时移植。

四、作业

1）自行选取两个常见品种，设计扦插育苗方案。

2）以组为单位，进行扦插苗的管理，并进行记录整理。

3）用表格调查扦插成活率及生长情况，见表4-1。

注意：以组为单位，按扦插成活率记入实训成绩。

表4-1　扦插育苗生长观察记载表

植物种类：　　　　　插穗类型（含处理）：　　　　　扦插日期：　　　　　成活率：_____%

观察日期	生产日期/天	苗高/cm	地径/cm	苗木生长情况			
				开始放叶日期	放叶插穗数	开始生根日期	生根插穗数

班组_____　填表人_____

实训 5　园林花卉的嫁接育苗技术

一、目的要求

掌握园林花卉的嫁接技术，嫁接后定期检查管理，了解嫁接苗愈合成活和生长发育规律。

二、材料用具

1. 材料

供嫁接用的接穗和砧木各若干。

2. 用具

修枝剪、芽接刀、枝接刀、盛穗容器、湿布、塑料绑扎条若干、油石等。

三、方法步骤

1. 芽接

（1）剪穗　采穗母本必须是具有优良性状、生长健壮、无病虫害的植株。选采穗母本冠外围中上部向阳面的当年生、离皮的枝作接穗。采穗后要立即去掉叶片（带 0.5cm 左右的叶柄）。注意穗条水分平衡。

（2）嫁接方法　主要进行 T 字形芽接和嵌芽接实训。

（3）嫁接技术　切削砧木与接穗时，注意切削面要平滑，大小要吻合；绑扎要紧松适度，叶柄可以露出也可以不外露。

（4）管理　接后要及时剪断砧木，二周内要检查成活率并解绑，适时补接和除萌以及其他管理措施。

2. 枝接

（1）采穗　枝接采穗要求用木质化程度高的一、二年生的枝。穗可以不离皮。

（2）嫁接方法　主要进行劈接、切接、插皮接等的实训。

（3）嫁接技术　切削接穗与砧木时，注意切削面要平滑，大小要吻合；砧木和接穗的形成层一定要对齐、绑扎要紧松适度。接后要套袋或封蜡保湿。

（4）嫁接后　及时检查成活率，及时松绑，做好除萌、立支柱等管理工作。

四、作业

1）将各种嫁接方法的操作过程整理成实训报告。

2）调查嫁接成活率，填写表 5-1。

表 5-1　嫁接成活率调查表

嫁接方法与种类	嫁接日期	嫁接数量	愈合情况	成活数量	成活率

调查人_____　调查日期_____

3）以个人为单位，进行嫁接后管理，并将管理措施记录整理。

注意：以个人为单位，进行成活率的调查，并按嫁接的成活率记入实训成绩。

实训6 园林花卉的分生育苗技术

一、目的要求

掌握园林花卉分生育苗技术与操作规程。

二、材料用具

1. 材料

1）宿根花卉：萱草、荷兰菊、芍药、宿根福禄考、随意草、吊兰等。

2）球根花卉：大丽花、美人蕉、鸢尾、唐菖蒲、百合、朱顶红、马蹄莲、君子兰等。

3）花灌木：牡丹、玫瑰、黄刺玫等。

2. 用具

铁锹、修枝剪等。

三、方法步骤

1. 宿根花卉分生育苗技术

在春季将整株挖起，将带根的幼苗与母株分离，另行栽植即可（注：芍药一般在秋季进行）。

2. 球根花卉分生育苗技术

（1）秋植球根花卉的分生育苗　夏季植株休眠、地上枝叶枯黄之后，将种球掘起，按大小进行分级，在凉爽通风的室内干藏，于当年秋季至入冬前定植。可选用百合、郁金香、风信子、水仙、石蒜等。

（2）春植球根花卉的分生育苗　秋季植株休眠、地上枝叶枯黄之后，将种球掘起，大丽花、美人蕉等球根含水量较高的不耐寒花卉，应适当晾晒之后，在室内砂藏，来年春季，取出沙藏的种球，切割成带有 2～3 芽的小块进行栽植。唐菖蒲等种球在挖出之后，应按大小进行分级，充分晾晒之后在室内干藏，来年春季进行栽植。

3. 花灌木分生育苗技术

在春季将母株产生的根蘖苗与母株进行分离，另行栽植即可。可选用腊梅、黄刺玫、连翘、火炬树等。牡丹分生育苗宜在秋季进行，可将植株掘出，采用剪刀进行分离，随即进行栽植。

四、作业

1）记录主要园林花卉分生育苗的操作过程。

2）统计主要园林花卉分生育苗的繁殖系数。

3）制订园林花卉分生育苗田间管理计划。

实训7 园林花卉压条育苗

一、目的要求

掌握压条育苗的方法，主要是低压育苗。

二、材料用具

1. 材料

锦带、连翘、丁香等植株；苔藓等基质。

2. 用具

铁锹、水壶、木叉、修枝剪等。

三、方法步骤

1. 低压法

（1）普通压条　选择靠近地面而向外开展的一、二年生枝条，选其一部分压入土中，深8~20cm。挖穴时，离母株近的一面挖斜面，另一面成垂直。压条前先对枝条进行刻伤或环剥处理，以刺激生根。再将枝条弯入土中，使枝条梢端向上。为防止枝条弹出，可在枝条下弯部分插入小木叉固定，再盖土压紧，灌水，生根后切割分离。

（2）水平压条　适用于连翘等藤本和蔓性园林花卉。压条时选生长健壮的1~2年枝条，开沟将整个长枝条埋入沟内，并用木钩固定。被埋枝条每个芽节出生根发芽后，将两株之间地下相连部分切断，使之各自形成独立的新植株。

2. 空中压条

在离地较高的枝条上给予刻伤等处理后，包套上塑料袋、竹筒、瓦盆等容器，内装基质，经常保持基质湿润，待其生根后切离下来成为新植株。

四、作业

将压条的方法步骤整理写出实训报告。

实训 8 　 园林花卉的露地栽植

一、目的要求

掌握各种花卉露地栽植的方法。

二、材料用具

1. 材料

一、二年生草本花卉（万寿菊、一串红）、宿根花卉（福禄考、景天）、球根花卉（唐菖蒲、百合）等。砂、有机肥、消毒药品等。

2. 用具

铁锹、皮尺、木桩、喷壶等。

三、方法步骤

1. 一、二年生草本园林花卉露地栽培

1）整地作床（畦）常用的有高床和低床两种形式，与播种繁殖相同。

2）栽植。

① 起苗。对于裸根苗，用铲子将苗带土掘起，然后将根群附着的泥土轻轻抖落。注意不要拉断细根和避免长时间暴晒或风吹。

② 栽植。依一定的株行距挖穴栽植。覆土时用手按压泥土。按压时用力要均匀，不要用力按压茎的基部，以免压伤。栽植深度应与移植前的深度相同。栽植完毕，用喷壶充分灌水。定植大苗常采用漫灌。第一次充分灌水后，在新根未发之前不要过多灌水，否则易烂根。

2. 多年生宿根草本园林花卉的露地栽培

多年生花卉育苗地的整地、作床、间苗、移植管理与一、二年生草花基本相同。

栽植地整地深度应达 30～40cm，甚至 40～50cm，并应施入大量的有机肥。

3. 球根类植物露地栽培

1）整地　栽培球根花卉的土壤应适当深耕（30～40cm，甚至 40～50cm），并通过施用有机肥料、掺和其他基质材料。

2）栽植　进行穴栽；在栽植穴施基肥，撒入基肥后覆盖一层园土，然后栽植球根。栽植深度一般为球高的 3 倍。

四、作业

1）自行选择一种一、二年生花卉、宿根花卉、球根花卉，设计露地栽植方案。

2）以组为单位，对栽植的各种花卉进行养护管理，并将措施记录整理。

注意：以组为单位，检查苗木的成活率，并记入实训成绩。

实训 9 园林树木露地栽植技术

一、目的要求

掌握园林树木栽植的整个过程；了解和掌握提高栽植成活率的关键。

二、材料用具

1. 材料

针叶树、阔叶树、花灌木等。

2. 用具

修枝剪、镐、铁锹、皮尺、测绳、标杆、石灰、木桩、有机肥等。

三、方法步骤

1. 确定定植点

按照要求的株行距，在测绳上做好记号，按测绳上的记号插木桩或撒石灰。如果小区较大，应在小区的中间定出一行定植点，然后拉绳的两端，依次定点。

2. 挖穴

定植穴的大小，依土壤性质和环境条件及植株根系大小而定。挖出的土应将表土和心土分别放置。要求穴壁平直，不能挖成上大下小。穴挖好后，将适当有机肥与部分表土混合填入穴底，形成丘状。如果下层土壤具有卵石层或白干土的土壤，必须取出卵石和白干土，然后换进好土。

3. 苗木检查、消毒和处理

未经分级的苗木，栽植前应按苗木大小、根系的好坏进行分级，把相同等级的苗木栽在一起，以利栽后管理。对苗木根系要进行修剪，将断伤的、劈裂的、有病的、腐烂的和干死的根剪掉。

将已选好的苗木的根系浸在 20% 的石灰水中进行消毒半小时，浸后用清水冲洗。

从外地运来的苗木，由于运输过程中易于失水，最好在栽植前用清水浸泡根系半天至一天，或在栽植前把根系沾稀泥浆，可提高栽植成活率。

4. 栽植

将苗木按品种分别放在挖好的定植穴内。如果苗木多，应先进行临时假值，即挖浅沟，将苗木浅埋。栽植时首先将根系舒展开，一人扶直苗木，另一人填土。如果栽植面积比较大，最好在设立标竿，并在两头有人照准，保证栽后成行。

填土时要先填混以有机肥料的表土，后填新土。待根系埋入一半时，轻轻提一提植株，踩实，使土壤与根密接，边填土边踩。苗木栽后，接口要略高于地面，待灌水后，土壤下沉。

5. 栽后管理

在风大的地区，苗木栽后要设立支柱，把苗木绑在支柱旁，免使树身摇晃。栽后应立即筑一灌水盘，并灌透水，以使根系与土壤密接。待水完全渗进后封土，防止水分蒸发，以利根系恢复生长。

四、作业

1）通过栽植树木，体会提高栽植成活率的关键是什么。

2）定植穴的大小根据什么来确定，为什么？

3）以组为单位，进行栽植后的管理，并将管理措施记录整理。

注意：以组为单位，调查栽植成活率，记入实训成绩。

实训10 盆栽技术

一、目的要求

熟练掌握上盆、换盆等技术。

二、材料用具

1. 材料

园林花卉、培养土、碎瓦片、消毒药品、有机肥等。

2. 用具

花盆、花铲、筛子、喷壶等。

三、方法步骤

1. 上盆

配培养土：按植物种类配制培养土，并混入有机肥。

盆底处理：用碎瓦片覆盖在盆底的排水孔上，并视需要放入煤渣、粗砾等排水物。

上盆：先装入相当于盆高 1/2 左右的培养土，然后一手持苗扶正植株立于盆中央，另一只手向盆内加入培养土，填满盆的四周，轻轻振动花盆，用手指压紧基质，使植物根系与土壤充分接触，培养土离盆沿 1~2cm。

浇水：上盆后，立即浇水，一定要浇透，应见水从盆底排出。

2. 换盆

1）选盆：根据植株的大小，选择适当的花盆。

2）盆底处理：与上盆相同。

3）脱盆：将要换盆的植株从原花盆取出即为脱盆。

① 小苗：将原花盆倒置，用左手托住并转动花盆，右手轻击盆边，使土坨与盆壁分离，即可取出花木。

② 大苗：将原花盆侧放在地上，用双手拢住植株冠部，转动花盆，用右脚轻揣花盆边，即可取出苗木。

4）整理：用化铲将土坨削去部分泥土，并剪去老根、病残根。

5）上盆、浇水：与上盆相同。

四、作业

1）将整个盆栽技术整理，写出实训报告。

2）以组为单位，进行换盆后的管理，并将管理措施记录整理。

注意：以组为单位，检查上盆、换盆成活率，并记入实训成绩。

实训 11 露地园林花卉养护管理

一、目的要求
掌握园林花卉土、肥、水的管理方法。

二、材料用具

1. 材料
各种生长的园林花卉，主要以各组自行培育的园林花卉为主；有机肥、化肥等。

2. 用具
水源、水管、喷壶、锄头、铁锹、盛药容器、量筒、秤、防护用具等。

三、方法步骤

1. 灌溉
根据植物的生长状况和季节特点确定灌溉的时期，夏季灌溉要在早、晚进行；冬季灌溉应在中午前后进行。

一、二年生草本花卉及一些球根花卉由于根系较浅，容易干旱，灌溉次数应较宿根花卉多。木本植物根系比较发达，吸收土壤中水分的能力较强，灌溉量及灌溉的次数可少些，观花树种，特别是花灌木灌水量和灌水次数要比一般树种多。针对耐旱的植物如樟子松、腊梅、虎刺梅、仙人掌等灌溉量及灌溉次数可少些，不耐旱的如垂柳、枫杨、蕨类、凤梨科等植物灌溉量及灌溉次数要适当增多。每次灌水深入土层的深度，一、二年生草本花卉应达 30 ~ 35cm，一般花灌木应达 45cm，生理成熟的乔木应达 80 ~ 100cm。掌握灌溉量及灌溉次数的一个基本原则是保证植物根系集中分布层处于湿润状态，即根系分布范围内的土壤湿度达到田间最大持水量 70% 左右。原则是只要土壤水分不足立即灌溉。

（1）单株灌溉　先在树冠的垂直投影外开堰，利用橡胶管、水车或其他工具，对每株树木进行灌溉，灌水应使水面与堰埂相齐，待水慢慢渗下后，及时封堰与松土。

（2）沟灌　在行间开沟灌溉，使水沿沟底流动浸润土壤。

2. 施肥
一、二年生花卉幼苗期，应主要追施氮肥，生长后期主要追施磷、钾肥；多年生花卉追肥次数较少，一般 3 ~ 4 次，分别为春季开始生长后、花前、花后、秋季叶枯后（厩肥、堆肥）。对花期长的花卉，如美人蕉、大丽菊等花期也可适当追施一些肥料。对于初栽 2 ~ 3 年的园林树木，每年的生长期也要进行 1 ~ 2 次的追肥。

施肥量根据不同的植物种类及大小确定。一般胸径 8 ~ 10cm 的树木，每株施堆肥 25 ~ 50kg 或浓粪尿 12 ~ 25kg；10cm 以上的树木，每株施浓粪尿 25 ~ 50kg。花灌木可酌情减少。

（1）穴施法　在有机物不足的情况下，基肥以集中穴施最好，即在树冠投影外缘和树盘中，开挖深 40cm、直径 50cm 左右的穴，其数量视树木的大小、肥量而定，施肥入穴，填土平沟灌水。此法适用于中壮龄树木。

（2）灌溉式施肥　结合灌溉进行施肥，此法供肥及时，肥分分布均匀，不伤根，不破坏

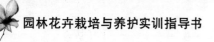

耕作层的土壤结构，劳动生产率高。

3. 除草松土

除草松土的次数要根据气候、植物种类、土壤等而定。如乔木、大灌木可两年一次，草本植物则一年多次。除草松土时应避免碰伤植物的树皮、顶梢等；生长在地表的浅根可适当削断；松土的深度和范围应视植物种类及植物当时根系的生长状况而定，一般树木松土范围在树冠投影半径的 1/2 以外至树冠投影外 1m 以内的环状范围内，深 6～10cm，对于灌木、草本植物，深度可在 5cm 左右。

四、作业

与各组具体管理措施结合。整理总结，写出报告。

实训 12 园林花卉的修剪整形

一、目的要求

熟悉园林花卉枝、芽生长特性；掌握修剪整形的基本方法，灵活运用，综合修剪。

二、材料用具

1. 材料

需要修剪整形的园林花卉，如球形：五角枫、丁香蜡等；行道树：法桐、杨树等。

2. 用具

修枝剪、园艺锯、梯子等。

三、方法步骤

1）对植物进行仔细观察，了解其枝芽生长特性、植株的生长情况及冠形特点，结合实际进行修剪。如五角枫球形的修剪，可在休眠期对一年生枝条保留 15cm 左右短截，在生长季再进行两次修剪，即可达到理想的效果。新疆杨行道树大苗的修剪，在休眠期将一定的分枝点下的枝条疏去，树冠保持不变。

2）选择正确的修剪方法，按顺序依次具体修剪（具体方法参见有关章节内容）。

3）检查是否漏剪、错剪，进行补剪或纠正，维持原有冠形。

4）修剪完毕，清理现场。

四、作业

选择当地具有代表性的几类园林花卉进行反复训练，掌握其修剪整形技艺。

实训 13 园林花卉组织培养技术：培养基的制备

一、目的要求

了解 MS 培养基的配方；掌握培养基制备的方法。

二、材料用具

1. 材料

MS 培养基所需试剂、封口膜、绑扎线绳、蒸馏水或纯净水等。

2. 用具

天平、烧杯、量筒、吸管、搪瓷量杯、电炉子、酸度计或精密 pH 试纸、三角瓶、高压灭菌锅等。

三、方法步骤

1. 配制前的准备

（1）清洗操作所用的玻璃器皿　先将玻璃器皿浸入加有洗洁精的水中进行刷洗，再用清水内外冲洗，使器皿光洁透亮。然后用蒸馏水冲 1~2 次，最后晾干或烘干备用。

（2）培养基母液的配制　根据 MS 培养基的成分，准确称取各种试剂配制成母液，放在冰箱中保存，用时按需要稀释。配母液用的水应采用蒸馏水或去离子水。配母液称重时，1g 以下的重量宜用感量 0.01g 的天平，0.1g 以下的重量最好用感量 0.001g 的天平。蔗糖、琼脂可用感量 0.1g 的粗天平。

（3）生长调节剂母液配制

① 生长素类母液（1mg/mL）的配制。称取 100mg 吲哚乙酸（IAA）或吲哚丁酸（IBA）、萘乙酸（NAA）等，放入 100mL 烧杯中，用数滴浓度为 1mol NaOH 溶液使之溶解，加少量水，待完全溶解后将溶液倒至 100mL 容量瓶中。用水洗上述烧杯，并把该液倒入 100mL 容量瓶中。再洗数次并倒入容量瓶中，最后定容至刻度。反复摇动容量瓶，至均匀后倒入棕色试剂瓶中，贴上标签。

② 细胞分裂素类母液（1mg/mL）的配制。方法与上述大致相同，所不同之处为用 0.1~1mol HCl 溶解，再用水定容。细胞分裂素类物质主要有苄基腺嘌呤（BA）、细胞激动素（KT）、玉米素（ZT）等。

③ 赤霉素母液（1mg/mL）的配制。称取 100mg 赤霉素，用 95% 乙醇溶解，定容在 100mL 容量瓶中。

2. 培养基制备

（1）溶解琼脂和蔗糖　在 1000mL 的烧杯中加入 600~700mL 纯净水，然后将称好的 6~8g 琼脂粉放进烧杯中加热煮溶。待琼脂完全溶解后，加入 30g 蔗糖，搅拌溶解。

（2）加入母液　将母液 Ⅰ、Ⅱ、Ⅲ、Ⅳ、Ⅴ，按表 13-1 中每配 1L 培养基取母液所需量，分别加入到烧杯中，再加所需生长素和细胞分裂素，加水定容至 1000mL。

（3）调节 pH　搅拌后静止，用酸度计或 pH 精密试纸测定 pH，以 1mol NaOH 或 1mol

HCl 调至 5.8。

表 13-1 MS 培养基母液配制方法

母液编号		成　　分	称量/g	配制方法	每配 1L 培养基的取量
I	大量元素母液	KNO_3	19	1）将 $CaCl_2 \cdot 2H_2O$ 溶于 300mL 水中 2）将其余四种盐都溶于 500mL 水中 3）混合两述两种溶液，定溶至 1000mL	100mL
		$MgSO_4 \cdot 7H_2O$	3.7		
		NH_4NO_3	16.5		
		KH_2PO_4	1.7		
		$CaCl_2 \cdot 2H_2O$	4.4		
II	微量元素母液	$MnSO_4 \cdot 4H_2O$	22.3	将 7 种微量元素先溶于 800mL 水中，然后定容至 1000mL	1mL
		$ZnSO_4 \cdot 7H_2O$	8.6		
		H_3BO_3	6.2		
		KI	0.83		
		$Na_2MoO_4 \cdot 2H_2O$	0.25		
		$CuSO_4 \cdot 5H_2O$	0.025		
		$CoCl_2 \cdot 6H_2O$	0.025		
III	维生素母液	硫胺素	0.01	4 种物质先溶于 80mL 水中，再定容至 100mL	1mL
		吡哆醇（醛）	0.05		
		烟酸	0.05		
		甘氨酸	0.2		
IV	肌醇母液	肌醇	1.0	溶解并定容于 100mL	10mL
V	铁盐母液	$Na_2 - EDTA$	3.73	两种物质分别溶解在 200mL 水中，分别加热煮沸，然后混合两种溶液继续加热煮沸。冷却定容至 500mL	5mL
		$FeSO_4 \cdot 7H_2O$	2.78		

（4）培养基分装　用漏斗或下口杯将培养基分装到培养瓶中，注入量约为瓶容积的 1/4。分装动作要快，培养基冷却前应灌装完毕，且尽可能避免培养基粘在瓶壁上。

（5）培养瓶封口　用塑料封口膜、塑料瓶盖等材料将瓶口封严。

（6）培养基灭菌　将包扎密封好的培养瓶放在高压蒸汽灭菌锅中灭菌，在温度为 121℃、压力 107.9kPa 下维持 15～20min 即可。待压力自然下降到"0"时，开启放气阀，打开锅盖，取出后在干净柜中存放。灭菌时应注意的问题是在稳压前一定要将灭菌锅内的冷空气排除干净，否则达不到灭菌的效果。

四、作业

将培养基的制备过程整理成书面报告。

实训 14　园林花卉组织培养技术：接种与培养

一、目的要求

掌握外植体消毒、茎尖剥离和切割、接种操作的基本技能，了解培养室的管理要求。

二、材料用具

1. 材料

外植体（菊花、月季、萱草、红掌等），培养基，70%、75%及95%的酒精，8%次氯酸钠溶液，0.1%氯化汞，无菌水。

2. 器具

超净工作台、天平、酒精灯、剪刀、镊子、解剖刀、搪瓷盘、火柴等。

三、接种

1. 接种前的准备工作

1）接种前30min打开接种室和超净工作台上的紫外线灯进行灭菌，然后打开超净工作台的风机，吹风10min。

2）操作人员进入接种室前，用肥皂和清水将手洗干净，换上经过消毒的工作服和拖鞋，并戴上工作帽和口罩。

3）用70%的酒精棉球仔细擦拭手和工作台面。

4）准备一个灭过菌的培养皿和不锈钢盘，内放经过高压灭菌的滤纸片。解剖刀、医用剪刀、镊子、解剖针等用具应预先浸在95%的酒精溶液内，置于超净工作台的右侧。每个台位至少备两把解剖刀和两把镊子，轮流使用。

5）点燃酒精灯，然后将解剖刀、镊子、剪子等在火焰上方灼烧后，晾于架上备用。

2. 外植体的消毒

1）以茎尖培养为例，取具有3~6个腋芽的成熟枝条，切掉叶子，但要留一些叶柄残体以免在消毒中芽体受损。

2）把植物材料放置于容器内，用流水冲洗2h以上，然后开始在超净工作台上工作。

3）将植物材料在75%的酒精中浸泡几秒钟，然后倒掉酒精，加入7%~15%的次氯酸钠，再加入去污剂（吐温2滴/100mL），消毒10~30min后倒掉。也可用0.1%的氯化汞溶液浸泡5~10 min。

4）用无菌水漂洗3次。

3. 接种

1）用镊子将植物材料夹到一高压灭菌、盛有滤纸的培养皿中，切取腋芽或在双筒解剖镜下剥离茎尖分生组织0.2~0.3mm。经过热处理的材料，可带2~4个叶原基，切生长点约0.5mm。

2）将培养瓶倾斜拿住，先在酒精灯火焰上方烤一下瓶口，然后打开瓶塞并尽快将外植体接种到培养基上。注意，接种时，培养瓶最好要离开酒精灯上方，材料一定要嵌入培养基，而不要只是放在培养面上。盖住瓶塞以前，再在火焰上方烤一下，然后盖紧瓶塞。

3）每切一次材料，解剖刀、镊子等都要重新放回酒精内浸泡并灼烧。

四、培养

（1）初代培养　在25℃条件下进行暗培养。待长出愈伤组织后转入光培养，接种到芽丛培养基。此阶段主要诱导芽体解除休眠，恢复生长。

（2）增殖培养　将见光变绿的芽体组织从启动培养基上接种到芽丛培养基上，在每天光照12～16h，光照强度1000～2000lx条件下培养，不久即产生绿色丛生芽。将芽丛切割分离，进行继代培养，扩大繁殖，平均每月增殖一代，每代增殖5～10倍。为了防止变异或突变，通常只能继代培养10～12次。根据需要，一部分进行生根培养，一部分仍继代培养，陆续供用。

（3）生根培养　切取增殖培养瓶中的无根苗，接种到生根培养基上进行诱根培养。有些易生根的植物在继代培养中通常会产生不定根，可以直接将生根苗移出进行驯化培养，或者将未生根的试管苗长到3～4cm长时切下来，直接栽到蛭石为基质的苗床中进行瓶外生根。这样，省时省工，可降低成本。

（4）驯化培养

1）打开瓶盖。让试管苗暴露在空气中锻炼约3天，以适应外界环境条件。

2）出瓶漂洗。选择高2～4cm、3～4片叶的健壮试管苗，将根部培养基冲洗干净，以避免微生物污染而造成幼苗根系腐烂。

3）移植到苗床。移栽基质选用透气性强的蛭石、珍珠岩、泥炭或河砂。

4）拱棚覆盖。移栽后浇透水，加塑料罩或塑料薄膜保湿。炼苗的最初7天应保持90%以上的空气湿度，适当遮阳避免曝晒。7天以后适当通风降低湿度。温度保持在23～28℃。半月后去罩、掀膜。

5）施肥。每隔10天喷一次稀释50倍的MS大量元素液。

6）移植到营养钵。用直径5～10cm的塑料营养钵，采用无土轻型基质（包括蛭石、珍珠岩与泥炭等）栽培。

五、作业

在无菌操作过程中，为了防止微生物污染，应注意哪些问题？

前　言

　　园林花卉种类繁多，观赏性强，自古以来，中外园林无园不花。随着科技的进步和经济的发展，人们对生存环境的质量要求不断提高，花卉需求量迅速增长。花卉产业作为一项新兴的"朝阳"产业也应运而生，花卉产品也正向着专业化、标准化、商品化的方向发展。花卉产业对实用型、应用型技术人才的需求也快速增长。

　　本书根据花卉产业实际生产的需要，针对高等职业教育"培养实用型、应用型人才"的目标要求，重点介绍了花卉生产栽培及养护管理的新技术。本书将理论知识与实践实训相结合，紧密围绕园林花卉栽培与养护的技能知识点进行编排，综合性强、实用性强。此外，本书还从园林实际生产和应用为最终目的的角度构建内容和体系，以室内外绿化美化常用花卉为主要对象，突出园林花卉的生产特点，注重生产栽培与管理。本着理论够用，加强对实践技能培养的原则，重点对实际操作部分进行阐述，删减了与其他学科重复的理论内容，目的是培养学生的实际生产技能、创新意识和创业能力。

　　本书在编写的过程中，力求做到内容丰富、翔实，资料新，覆盖面广，同时兼顾南北方。书中介绍了多种常用花卉，还配有实训指导书，便于学生对知识的掌握和理解。学时分配建议：总学时 60 ~ 72 学时，讲授 30 ~ 36 学时，实训 30 ~ 36 学时。相关专业和不同层次的教学，可酌情选择内容。

　　本书由成都农业科技职业学院杨群任主编，成都农业科技职业学院再婷、刘玮、史伟任副主编。参加编写的还有都江堰职业中学连雅丽、成都市温江燎原中学孙悦溪。

　　在编写的过程中，自始至终得到了同行及朋友的大力支持和帮助，在此一并致谢。由于编者水平有限，编写时间仓促，书中不妥和错误之处难免，恳请读者批评指正。

编者

目　录

单元1　园林花卉的基本知识

【学习目标】

通过学习，重点掌握花卉的概念和花卉栽培的作用；掌握国内外花卉产业发展概况；了解我国花卉栽培简史。

【重点与难点】

重点掌握花卉的概念和花卉栽培的作用。

课题1　花卉的概念和范围

1. 花卉的概念

（1）狭义的花卉　指具有观赏价值的草本植物。如大岩桐（图1-1）、蒲包花（图1-2）、彩色马蹄莲（图1-3）。

（2）广义的花卉　除指具有观赏价值的草本植物外，还包括草本或木本的地被植物、花灌木、开花乔木、盆景以及温室观赏植物等，如盆景（图1-4）、常春藤（图1-5）。

图1-1　大岩桐

图1-2　蒲包花

图1-3　彩色马蹄莲

图1-4 盆景

图1-5 常春藤

2. 花卉产业的含义及其范围

花卉产业是指将花卉作为商品，进行研究、开发、生产、储运、营销以及售后服务等一系列的活动内容。花卉产业包含的内容极为广泛，例如鲜切花、盆花、绿化苗木、种苗、种球、种子的生产、花盆、花肥、花药、栽培基质、各种资材的制造，以及花店营销、花卉产品流通、花卉装饰和花卉租摆等售后服务工作等均属花卉产业的范畴。

3. 花卉学的概念和研究范围

花卉学是以花卉植物为研究对象，主要研究花卉的分类、生物学特性、生长发育规律、生长发育与环境条件的关系、繁殖方法、栽培管理技术、栽培设施以及病虫害防治、花卉的装饰与应用、市场营销等方面的基础理论及操作技术的一门学科。

本课程主要研究对象及内容：本课程以草本花卉为主要研究对象，但也包括温室木本花卉和盆景，主要讲述花卉的分类、生物学特性、繁殖、栽培管理及园林用途等。

4. 花卉栽培的方式

（1）生产栽培　以生产切花、盆花、种苗及球根等为主的花卉栽培。这类花卉生产栽培为集约化经营，经营管理最为精细，通常应用高科技的栽培技术和最完善的设备，如穴盘育苗（图1-6）、新几内亚凤仙盆花生产（图1-7）。

图1-6 穴盘育苗

图1-7 新几内亚凤仙盆花生产

（2）观赏栽培　以观赏为目的，而非生产性的花卉栽培。如公园、街道、广场、庭院等中的花卉栽培，如香港维多利亚公园（图1-8）。

（3）标本栽培　以普及国内外花卉的种类、生态、分类和用途等科学知识为目的的花卉栽培。如植物园中的标本区、标本植物温室；公园中的各类专类园，如牡丹园、月季园、沙漠植物区（图1-9）等。

图1-8　香港维多利亚公园

图1-9　沙漠植物区

课题 2 花卉栽培的意义和作用

花卉一般为园林绿化、美化、香化和卫生防护的重要材料，如公园造景（图1-10）。

图1-10　公园造景

1. 在文化生产中的意义和作用

（1）室内绿化　花卉可以增加室内的自然气氛，是室内装饰美化的重要手段，如室内楼梯装饰（图1-11）。

（2）礼仪用花　用于各种社交、礼仪活动中，主要有礼仪花束、胸花、新娘捧花、花篮、礼品包装花等。礼仪插花首先是插花，即是对花的艺术造型设计，将花材按照艺术的构图原则和色彩搭配后，组成一件既有一定的象征意义（或内在情愫）又能充分展示花的自然美的艺术作品。因此礼仪插花的插作过程同样是一种有意识的创作活动，如百年好合（图1-12）、婚庆花车（图1-13）。

（3）科普教育　奇花异卉，变化万千，在欣赏之余，更有助于人们对自然的了解，增长科学知识。所以，在大城市中，某些学校设有植物园或植物标本园，引种并栽培各种植物，以普及自然科学知识，丰富教学材料，提供科学研究条件，如菏泽牡丹园（图1-14）。

图 1-11　室内楼梯装饰

图 1-12　花束：百年好合

图 1-13　婚庆花车

图 1-14　菏泽牡丹园

2. 在经济生产中的意义和作用

花卉栽培是一项重要的园艺生产，不仅可以直接满足人们对于切花、盆花、球根、种子以及室内观叶植物等的需要，还可以输出国外，换取外汇或其他急需物资。同时，很多花卉又是药用植物、香料植物或其他经济植物，积极引种栽培并大力生产花卉制成产品进行出口，对发展国民经济将起到一定的作用。

另外，许多花卉除了可供观赏之外，还可入药、制茶、提取香精等，经济效益显著。古人有"上品饮茶，极品饮花"之说。在印度和中国的茶叶出现以前，花卉茶就已被皇妃贵族们广泛饮用。辽金时代的萧太后，经常冲泡金莲花饮用，因而皮肤白皙，中年以后依然青春靓丽。唐朝的杨贵妃保持肌肤柔嫩光泽的最大秘诀，就是在她沐浴的华清池内，长年浸泡着鲜嫩的玫瑰花蕾。清朝康熙皇帝御笔题词"金莲映日"以表赞赏之情，并列为宫廷贡品。乾隆皇帝在《御制热河志》中封金莲花为"花中第一品"。

课题3 我国花卉产业概况

1. 我国花卉栽培史

早在战国时期，我国就已有栽植花木的习惯。至秦汉，所植名花异草更加丰富，当时搜集的果树、花卉已达 2000 余种。至西晋，从越南输入奇花异木数十种，西晋的《南方草木状》记载了各种奇花异木的产地、形态、花期，如茉莉、睡莲、菖蒲、扶桑、紫荆等，这是我国最早的一部地方花卉园艺书籍。晋代，已开始栽培菊花和芍药。至隋代，花卉栽培渐盛，此时芍药已广泛栽培。唐代有王芳庆《园林草木疏》、李德裕《手泉山居竹木记》；宋代有范成大《范村梅谱》、王观《芍药谱》、王贵学《兰谱》、欧阳修《洛阳牡丹记》、刘蒙《菊谱》等。其中，《兰谱》不仅记载了兰花品种分类，还讲到兰花的繁殖栽培方法。《菊谱》对加强菊花栽培管理以改进品种均有详细记载。

元代为文化低落时期，花卉栽培亦衰。至明代花卉栽培渐盛，达到高潮。在著作方面不仅有大量花卉专类书籍出现，而且综合性的专著也较多。栽培技术及选种、育种技术也有进一步的发展，花卉种类及品种有显著的增加，据记载有利用大量播种进行选择以育成新品种的事实。

清初，花卉栽培亦盛，专谱、专籍颇多。清末，由于遭受帝国主义的侵略，我国丰富的花卉资源被掠夺，大量花卉输出国外，民不聊生，花卉事业渐衰。但在这一时期内，帝国主义在我国沿海各大城市安家落户，为满足他们自己的需要，国外的大批花草和温室花卉输入我国。

新中国成立后，我国的花卉事业蓬勃发展，但同先进国家相比，还有一定差距。

2. 我国丰富的花卉种植资源

我国土地辽阔，气候各异，既有热带、亚热带、温带、寒温带花卉，又有高山花卉、岩生花卉、水生花卉等，是世界上花卉种植资源宝库之一，被誉为 "Flowers bank"。世界已栽培的花卉植物，初步统计产于我国的有 113 科 523 属，数千种之多。我国不仅是许多名花的原产地，我国劳动人民在长期的生产实践中又培育出许多新的品种。

3. 我国花卉对世界园林的贡献

我国原产的花卉为世界花卉事业做出了巨大的贡献。早在公元前 5 世纪，荷花经朝鲜传至日本。自 19 世纪初大批欧美植物学者来华搜集花卉资源。100 多年来，仅英国爱丁堡皇家植物园栽培的我国的原产植物就达 1500 种之多，北美引进 1500 种之多，意大利引进 1000 种之多。已栽培的植物中，德国有 50%、荷兰有 40% 来源于中国，可以说凡是引种植物的国家，几乎都栽有中国原产的花卉。所以西方各国称中国为 "The Mother of Gardens" "The kingdom of Gardens" 确是当之无愧的。同时在花卉育种方面，许多当代世界名贵花卉如香石竹、月季、杜鹃、山茶的优良品种及金黄色的牡丹花，也都是用中国种参加选育成功的。我国部分花卉流向国外简表见表 1-1，在英国爱丁堡皇家植物园种植的我国园林植物见表 1-2。

表 1-1　我国部分花卉流向国外简表

花卉名称	外流年代	引种国家	花卉名称	外流年代	引种国家
石竹	1702	英国	菊花	1789	法国
黄蜀葵	1708	英国	月季	1792	英国
翠菊	1728	法国	淡紫百合	1804	英国
山茶	1739	英国	卷丹	1804	英国
硕苞蔷薇	1750	法国	芍药	1805	英国
苏铁	1758	英国	野蔷薇	1814	英国
射干	1759	英国	紫藤	1816	英国
牡丹	1787	英国	藏报春	1819	英国
王百合	1787	英国	四季报春	1880	英国

表1-2 在英国爱丁堡皇家植物园种植的我国园林植物

花　卉　属	种　数	花　卉　属	种　数
杜鹃属	306种	龙胆属	14种
枸子木属	56种	铁线莲属	13种
报春属	40种	百合属	12种
蔷薇属	32种	绣线菊属	11种
小檗属	30种	芍药属	11种
忍冬属	25种	醉鱼草属	10种
李属	17种	虎耳草属	10种
荚蒾属	16种	溲疏属	9种
丁香属	9种	山梅花属	8种
绣球属	8种	金丝桃属	7种

4. 我国花卉产业生产、科研、教育的现状与展望

1958年党中央提出实现大地园林化、绿化、美化、香化的口号，在此之前在北京林学院设立了我国第一个城市及居民区绿化专业，培养专门人才。

1978年十一届三中全会以后，花卉事业又步入一个新的发展阶段，许多院校恢复和增设了观赏园艺专业、园林专业、风景园林专业，各级园林花卉科研机构也相继成立。

1984年成立全国性的花卉协会，为花卉产业注入了新的血液，使花卉的生产、经营、教学和科研获得了新的动力，许多城市选定了市花，如合肥为石榴，北京为菊花，上海为玉兰花，南京为梅花，苏杭为桂花，芜湖为白兰花。

（1）我国花卉生产、科研、教育的现状

1）生产方面：截至2016年，全国花卉种植面积132.91万hm^2，比上年增长1.81%，销售1616.49亿元，比上年增长24.10%，出口额5.94亿美元，比上年减少4.20%。总体上说，2016年我国盆栽植物总产量稳步增长，品类日益丰富，品质提高，市场供应充足，产销基本平衡；鲜切花总体产销形势发展良好；盆景产业制约因素较多，行情喜忧参半；绿化观赏苗木产业经过了近几年持续低迷后，产销形势有所好转，但整体形势依然严峻。

2）科研方面：我国系统研究了传统名花，如梅花、荷花、菊花、牡丹、兰花、月季花等，并出版了专著，在花卉的杂交育种方面取得了显著的成绩，如菊花育成早菊、夏菊、国庆菊、地被菊、四季菊，牡丹育成花色新颖、抗逆性强的品种，梅花育成抗寒性的品种，还有月季花、荷花、百合、君子兰、美人蕉、萱草、石蒜等都获得了新的品种，此外在百合、非洲菊、香石竹、小苍兰以及菊花等的组织培养和快速繁殖上也取得了进展。

3）教育方面：与花卉业相关的专业、林业院校的园林专业、农业院校的观赏园艺专业、城建院校的风景园林专业、园林植物专业等都设有硕士和博士点。

（2）我国花卉产业的展望　花卉产业已成为新兴的产业之一，把我国丰富的花卉资源转化为商品有如下几个重要的途径

1）提高花卉产品的质量，增加新的品种，采用新技术、新设备、新手段，如多倍体、单倍体育种、一代杂种的利用，辐射育种、组织培养等。对花卉进行品质和品种的选择。

2）花卉生产实行区域化、专业化、工厂化、现代化。有计划有步骤地发挥优势，形成特色，建立基地和形成产业。

3）建立生产基地和产贸联合体　建立经营种子、育苗设施、容器、机具、花肥、花药以及保鲜、包装、储藏、运输等一套业务。

4）科学技术转化为生产力的一个中心环节就是普及和推广工作。

课题4 国内外花卉生产概况

1. 我国花卉生产概况

截至2016年，全国花卉种植面积132.91万 hm²，比上年增长1.81%，销售1616.49亿元，比上年增长24.10%，出口额5.94亿美元，比上年减少4.20%。全国种植面积3hm²或年营业额500万元以上的中大型花卉企业达1.5万家，设施栽培面积达13万 hm²。总体上说，2016年我国盆栽植物总产量稳步增长，品类日益丰富，品质提高，市场供应充足，产销基本平衡；鲜切花总体产销形势发展良好；盆景产业制约因素较多，行情喜忧参半；绿化观赏苗木产业经过了近几年持续低迷后，产销形势有所好转，但整体形势依然严峻。我国已成为世界上最大的花卉生产基地、重要的花卉消费国和花卉进出口贸易国。

1）北京市。北京花卉生产设施水平、专业化生产程度较高，生产规模相对较大。北京市建有20个花卉科技园区，高档盆花生产示范基地153hm²，组培室（组织培养室）面积达1hm²，是全国组培规模最大、设施最先进的地区。北京市花卉产业的科研部门与企业合作，经过多年摸索和实践，消化吸收国外先进技术，逐步总结出适宜北京地区特点的生产技术。现代化设施花卉栽培技术逐渐成熟，特别是引进品种的栽培技术不断提高，已经掌握了安祖花、蝴蝶兰、大花蕙兰、仙客来、凤梨、一品红、丽格海棠、矮牵牛等盆花和月季、菊花、百合、安祖花等切花的栽培技术，产品质量普遍提高，生产成本逐渐降低，生产出的优质盆花和切花不仅在北京供不应求，现在已经开始出口。

2）广东省。截至2015年，广东有花卉市场101个，花卉企业9175个，花卉从业人员15.23万人，花农5.8万户，控温温室面积147hm²，日光温室面积1078hm²，繁殖圃22个。花卉产业已经成为广东现代农业产业的重要组成部分，对调整产业结构、带动农民增收发挥了重要作用。广东是全国花卉种植大省，但不是花卉产业强省。截至2015年，全国花卉种植面积127.02hm²，比2014年增长3.51%。2015年末广东实有花卉种植面积6.26hm²，占全国花卉种植总面积的4.93%，居全国第7位，其中盆栽植物类产量约占全国的20%，是全国规模最大的盆栽植物生产中心。但在花卉产业规模、新品种研发、出口额、单位面积产值等反映产业竞争力的重要指标方面，广东不同程度落后于云南、浙江、江苏等省份。

3）云南省。2016年云南花卉产业持续稳步发展，鲜切花产量连续23年全国第一，占全国75%的市场份额。2016年，云南全省花卉种植面积8.9万 hm²，总产值463.7亿元，较上年分别增长17.6%和16.1%；出口额2.2亿美元，同比增长10%；花农收入115亿元，同比增长21%；全省花卉企业2136个，同比增加9.4%；花农生产合作组织489个，同比增加25.7%。

"云花"产业重点品种产销两旺，重点优势产品鲜切花和盆花的种植面积分别为1.4万 hm²和0.57万 hm²，较上年增长10.1%和0.1%；产量分别为100.6亿枝和2.7亿盆，同比增长15.8%和14.9%；产值分别为68.6亿元和86.53亿元，同比增长31.6%和13.3%。其中，主要鲜切花综合均价2元/枝，同比涨12.8%。盆花大花蕙兰成品产量500万盆，较去年增加8.7%，占全国总产量的89.3%，销售均价75元/盆，较去年增长7.1%。此外，盆栽玫瑰产量1000万盆，多肉植物产量3300万盆。云南省已成为全国最大的大花蕙兰和小盆花产销中心。

云南全省花卉电商销售总额50亿元，较上年增长150%，其中销售鲜切花25亿枝，占全省总产量的24.9%。受益于持续走高的花卉市场行情，云南花农收入较快增长，产业效益日益凸显。去年全省花农人均收入1.8万元，花卉亩均产值达3.7万元，最高亩产值达120万元以上。全省累计育成花卉新品种560个，较上年增加17.6%，新品种研发规模全国第一。新优品种推广种植面积335hm²，同比增加25%。全省拥有创新技术和专利100余项，制定各类国家、行业和地方标准70项，关键环节的技术实力领先全国，其中切花玫瑰智能栽培技术达到世界领先水平。花卉产业生态高效生产规模快速增长。全省采用计算机自动化管控、水肥一体化循环利用生态高效种植模式的花卉面积达268hm²，较上年翻番。采

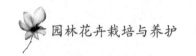

用生态高效种植模式，单位产量和效益较传统种植亩均提高2倍以上。

在产业融合方面，去年全省花卉种植业产值315.4亿元，较上年增长3.3%；加工业产值32亿元，同比增长50.2%；服务业产值116.5亿元，同比增长59.8%。花卉旅游业发展迅速，全年花卉旅游项目新增投资8.9亿元，花卉旅游收入24.3亿元，接待参观人数1460万人次，带动就业5.6万人。云南在亚洲的鲜切花市场中心地位进一步巩固。

目前，云南省已涌现出了众多国内知名品牌。"斗南花卉"2007年成为国内花卉类第一个驰名商标后，"锦苑花卉KIFA"也成为驰名商标。去年，昆明国际花卉拍卖交易中心和斗南花卉电子交易中心拍卖总量12亿枝，同比增长25%。平均每天超过1000t花卉从斗南花卉批发市场销往全国70个城市及46个国家和地区，斗南成为全国乃至亚洲的鲜切花价格风向标。

4）福建省。2016年福建省花卉苗木产业继续保持总体稳中有升的势头。2016年福建省花卉苗木种植面积8.05万hm²，其中设施种植面积0.89万hm²，分别较上年增长5.31%和3.44%；福建省花卉苗木全产业链总产值达559.04亿元，较上年增长27.34%，其中，种植业总产值333.57亿元，实现销售额138.28亿元，出口额1.03亿美元，分别较上年增长17.57%、8.54%和0.79%。福建省花卉（苗木）产业在国内外经济下行压力加大、消费拉动持续疲软的情况下，仍保持较好的发展态势。主要得益于三个方面：一是花卉产业供给侧结构性改革初见成效。近年来，针对福建省观赏苗木面积激增、部分区域花卉生产设施落后、特色优势花卉产品竞争力提升乏力等现状，积极引导花卉生产企业和花农以市场为导向，控制观赏苗木生产面积过快增长，改建低端遮阴大棚为钢架大棚或智能温室，适当压缩高档盆花生产面积，着力提升产品质量，增强市场竞争力。通过产业结构调整，从2015年开始，福建省观赏苗木面积扩张得到较好的控制，库存苗木数量有所下降，市场畅销的盆栽花卉，尤其是中小盆栽花卉的栽培面积逐年提高，产品市场竞争力有所增强。二是花卉市场消费格局发生了有利变化。近年来，切花国内国际市场走暖，切花百合、切花菊花呈现量增价涨的喜人局面；适合大众消费和家庭消费的中国兰花、红掌、凤梨、白掌、粗肋草、菖蒲、玉露等中小型盆栽花卉销量持续走高；蝴蝶兰、杂交兰等高档盆花销售价格明显回升；树上种植铁皮石斛进入盛产期，以及"莫兰蒂"等多个超强台风灾后重建需求等在一定程度上都拉动了福建省花卉苗木的销售。三是销售终端建设不断完善。各地更加重视线上线下花卉交易平台建设，积极拓展市场营销渠道。花卉主产区电商遍地开花，专业从事花卉及资材销售的规模电商已达数百家，花卉电商龙头企业春舞枝花卉有限公司还获得了成都花木交易所全国唯一的兰花商品现货交易合作商资格，成为成都花木交易所福建交易中心的运营主体，专业运作兰花现货交易旗开得胜，有力地拉动了兰花消费的增长。

5）浙江省。2015年浙江省花卉苗木生产面积达15.67万hm²，与上年基本持平；全产业链产值522.54亿元，同比增长2.3%。其中一产产值165.69亿元，同比下降13.9%；二产产值306.82亿元，同比增长4.9%；三产产值50.03亿元，同比增长93.2%。从总体上看，当前全省花卉苗木产业发展基本平稳，但仍处于艰难转型期，呈现结构调整加速、转型步伐升级的发展格局，主要体现以下四个特点：

一是产业结构加速调整。从产业结构分析，一产比重有所下降，二产比重略有增加，三产比重大幅增长，产业结构逐步优化。其中一产比重从2014年的37.7%降到2015年的31.7%，主要原因是绿化苗木市场整体萎缩，特别是大规格苗木严重滞销，香樟、银杏、桂花、红枫等常规苗木产能过剩，成交价降幅达五至七成，但中小规格乔木、色块苗、精品乔木和优新品种苗木市场行情仍略有增长。二产比重从去年的57.2%提高到2015年的58.7%，生态治理类绿化工程和加工型花卉明显有所增长。三产比重从2014年的5.1%提高到9.6%，花卉服务业呈高速增长态势，特色花卉旅游、花卉电子商务等新业态迅速成长。

二是花卉消费优化升级。随着家庭消费、绿色消费、时尚消费、健康消费等消费热点的不断涌现，消费结构升级的态势更加明显，个性化消费对花卉产业增长的贡献迅速提升，花卉产业增长正由主要依靠市政园林绿化、集团消费向家庭园艺、功能性产品、个人消费转变。以铁皮石斛为主的食药用花卉产品销售额，从 2014 年的 14.0 亿元增长到 2015 年的 20.97 亿元，年均增幅接近 50%。鲜切花、盆栽植物以及食药用花卉等适合家庭个人消费的花卉产品销量大增，花卉销售额占总销售额的比重从 2014 年的 22.2% 提升至 2015 年的 28.7%。

三是新兴业态高速成长。随着国家创新驱动发展战略的深入实施，依托"互联网＋"等新技术形成的新业态新商业模式不断涌现，"花木＋旅游"等产业融合发展取得新进展。如 2015 年在新三板成功挂牌上市的浙江花集网，注册花商 4 万多家，全年实现网络交易量 302 万单，交易额 4.5 亿元，已成为全国最大的网上专业鲜花交易平台，并与世界上最大的鲜切花交易商荷兰皇家花荷拍卖市场建立合作关系，试水花卉跨境电子商务。浙江虹越花卉股份有限公司通过整合销售渠道，推进体验式消费，建立线上线下相结合的新商业模式，年营业额增长 30% 以上。蓝天园林中泰花木基地建成了休闲观光农业园，金东区建设了锦林佛手文化园、万亩盆景园、澧浦房车露营地等一批苗旅融合项目，促进了花木产业由育苗卖苗向三产融合转变。

四是区域分化更加明显。近年来，我省各地适应新常态、引领新常态，积极调整产品产业结构，不断增加有效供给，努力促进花卉产业转型升级，结构调整的成效逐步显现。在绿化苗木需求不足的情况下，杭州市、温州市、嘉兴市、舟山市花卉全产业链产值分别同比增长 10.7%、19.5%、17.7% 和 147.3%。舟山市借助举办 2015 世界海岛旅游大会，大力推进绿化生态工程建设，花木产业全面增长。嘉兴市瞄准培育发展家庭园艺产品，盆栽植物销售额达 1 亿元，同比增长 221%。杭州市萧山区大力推进全产业链建设，进一步做强做大花卉交易市场，2015 年新增一级资质园林企业 8 家，年产值达 165 亿元，同比增长 8%。相比而言，湖州、绍兴等老牌主产区由于产品结构比较单一、库存苗木巨大，产值分别下降 43.7%、13%。

6）安徽省。截至 2016 年底，安徽省花卉苗木种植面积已达 3.5 万 hm²，切花切叶产量 7700 万支，年产盆栽植物 6000 万盆，观赏苗林 2.6 亿株，草坪 4300 万 m²，花卉企业 1772 家，其中大中型企业 227 家，花农 5.01 万户，从业人员 16.24 万人，其中专业技术人员 1.15 万人。花卉年产值达到 94.99 亿元。

安徽省还大力促进花卉市场和特色花木生产基地的建设。截至目前，全省花卉市场总数已达到 354 个，合肥市裕丰花鸟鱼虫市场、肥西县中国中部花木城、阜阳市阳光花卉大市场等已经成为全国重点花木市场。

另外，山东菏泽的牡丹、漳州的水仙、焉陵的梅花、青州的仙客来、徽派的盆景等驰名中外。

2. 重要的花卉生产国和消费国

1）荷兰。荷兰位于欧洲大陆的西北部，西、北两面临海，东与德国接壤，南与比利时为邻，是一个古老的农业发达国家，也是欧盟最活跃的经济贸易中心之一。号称世界花卉王国的荷兰具有悠久的花木生产历史和先进的花卉栽培技术，花卉业饮誉全球。花卉不仅普遍被荷兰人作为馈赠亲友的礼品，而且作为主要出口产品，成为荷兰重要的经济来源之一。荷兰每年的鲜切花、花卉球茎、观赏树木和植物出口总值达 60 亿美元，其中鲜切花为 35 亿美元。

目前，荷兰花卉的生产面积约 8400hm²，其中温室栽培面积 5800 多 hm²，占花卉生产总面积的 69%，大田栽培面积约 2600hm²，占总面积的 30.9%；年产鲜切花 100 亿多盆（枝）；大田种球生产面积为 19500hm²，年产种球 90 亿粒（枝）。荷兰花卉产品的 70% 销往国外，其出口额占荷兰花卉总收入的 80%，其中鲜切花又占一半。荷兰的花卉球茎占全球贸易额的 80%，盆花占 50%，鲜切花占 60%，且主要销往德国、法国、英国；种球出口到 100 多个国家和地区，以美国、德国、日本、意大利为主。

荷兰花卉品种繁多，现有鲜切花品种 5500 种，盆栽植物 2000 多种，庭院植物 2200 种。主要鲜切花有：玫瑰、菊花、香石竹、郁金香、唐菖蒲、百合、非洲菊、六出花、洋兰、小苍兰等。盆花及观赏植物为凤梨、杜鹃、天竹风信子、紫罗兰、仙客来、火鹤、变叶木、竹芋、朱焦、椿树、绣球花、一品红等。荷兰花卉及种球生产企业以中小型家族式农场和股份制公司为主，有 1 万余家。全国花卉产业直接从业人员 8 万多人，其中，花卉生产者 3 万多人，拍卖从业人员约 5000 人，批发出口 1.6 万人，零售 2

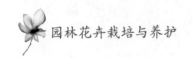

万多人，相关原材料供应人员 6000 人，临时季节工 15 万人次。全国现有大型花卉拍卖市场 7 个，花店和市场、超市的销售点 1.4 万多个。

2）美国。2015 年美国花卉产品批发销售总额增长 4%。2015 年，加利福尼亚州、佛罗里达州等 15 州年销售额在 1 万美元以上的企业，年花卉产品批发销售总额为 43.7 亿美元，比 2014 年的 42.0 亿美元增长 4%。2015 年，花卉产品批发销售总额排名前 5 位的分别为加利福尼亚州、佛罗里达州、密歇根州、北卡罗来纳州、俄亥俄州。这 5 个州花卉产品批发销售总额之和为 30.0 亿美元，约占 15 个州的 69%。在 15 州中，花卉保护地栽培总面积约为 7126hm^2，比 2014 年略有下降。露地栽培总面积约为 16209hm^2，比 2014 年大幅下降 34%。

3）丹麦。丹麦的花卉出口业近几年有了突飞猛进的发展，已跃居哥伦比亚之上而成为世界第二大花卉出口国，以出口盆栽植物而闻名。

4）哥伦比亚。哥伦比亚有温和的赤道气候，长日照，土壤肥沃，水资源丰富，劳资适度，还有美国、欧盟等重要消费市场，贸易条件优越，是花卉生产者的天堂。几十年来，哥伦比亚一直是世界上第二大花卉出口国，目前年出口额已近 12 亿欧元。

据统计，2015 年，哥伦比亚出口的花卉产品，美国市场占 77%，英国和日本各占 4%，加拿大、俄罗斯各占 3%，荷兰、西班牙各占 2%，其他国家和地区占 5%。

哥伦比亚约有 7000hm^2 基地用于出口花卉生产，玫瑰、康乃馨、六出花、绣球、菊花都是最重要的花卉植物。哥伦比亚很多花卉企业的基地面积都超过了 50hm^2，大多数都是家族企业，一直延续到现在。

5）肯尼亚。肯尼亚的鲜花种植业已有 30 多年的历史。肯尼亚境内多高原，平均海拔 1500m，光照充足，气候温和，全年最高气温为 22~26℃，特别适合各种花卉的生长。目前肯尼亚的鲜花已经占领了 31% 的欧洲鲜花市场。作为世界第三大花卉出口国，肯尼亚成为欧盟市场最大的花卉供应国并占其 31% 的市场份额，遥遥领先于排名第二及第三花卉出口国的哥伦比亚和以色列，分别占欧盟市场的 17% 和 16%。

肯尼亚鲜花从采摘、包装到运输，36h 就能抵达荷兰的鲜花拍卖市场和其他主要欧洲超市，还有很多鲜花经荷兰鲜花拍卖市场转口到美国和日本市场。

肯尼亚花卉符合严格的欧洲市场准入标准，欧盟已经向肯尼亚花卉发放了质量认可标志，目前肯尼亚已获准可无限制地向欧洲出口鲜花。难怪人们称赞肯尼亚是"欧洲后花园"。

肯尼亚出口的鲜花 75% 是玫瑰。肯尼亚花卉委员会主席说，在保证玫瑰产量不减的同时，肯尼亚还将实现花卉品种多样化，种植者今后将种植更多的海石竹和康乃馨等，以满足日益增长的出口市场需要。每年的 6~9 月是肯尼亚鲜花销售的淡季。花卉产业是肯尼亚继茶产业之后第二大创汇产业，肯尼亚的花卉产业以鲜切花为主。肯尼亚鲜切花品种结构多样，但主要为玫瑰，占 73%，混合花束占 11%，康乃馨 5%，匙叶草 3%，婆婆纳 1%，此外还包括晚香玉、东方百合、飞燕草、天堂鸟、蕨类、刺芹草以及多种肯尼亚本土观赏植物等。

6）日本。日本是世界三大花卉消费中心之一，居亚洲第一。家庭和个人消费量最大的鲜切花和庭园花木类，已成为人们日常生活的必需品。

日本花卉供应稳定，大多数花卉在温室中种植，由于温室条件下，温度、光、气体可以调节，从而保证了花卉的全年供应。为提高产量，水培方法现在在月季花栽培中已得到广泛应用。据了解，日本花卉生产面积平均以近 2000hm^2 的速度增长，日本花卉生产主要集中在爱知、千叶等 7 个县。这 7 个县的花卉产值占全国的 53.6%。爱知县是日本最大的花卉产地，主要原因有三：一是气候适宜。该县位于日本中部，气候温暖，全年无严寒、酷暑，年平均气温 15.7℃，降水量 1700mm。二是具有长期积累的花卉生产技术优势。三是交通方便，距主要消费地东京不远。千叶、埼玉县均靠近大的消费城市——东京。而位于亚热带地区的冲绳县和位于高海拔地区的长野县利用本地特点形成了独特的花卉生产方式。

3. 世界花卉生产的特点

1）花卉生产的区域化、专业化。

2）生产的现代化；花卉生产的温室化、工厂化及新的栽培技术（组织培养技术、无土栽培技术等）。

3）产品的优质化。

4）生产、经营、销售的一体化。

5）花卉的周年供应。

4. 世界花卉生产发展趋势

近年来伴随着世界花卉自由贸易的发展，世界花卉业的发展又有了明显的变化。其发展趋势主要有以下五个方面：

1）花卉生产由高成本的发达国家向低成本的不发达国家转移。

2）随着国际贸易日趋自由化，花卉贸易将真正实现国际化、自由化。

3）世界花卉生产和经营企业由独立经营向合作经营发展。

4）国际花卉生产布局基本形成，世界各国纷纷走上特色道路，力争赢得更大的市场份额。

5）亚洲市场潜力巨大，中国花卉消费市场成为商家必争之地。

单元2　花卉的分类

　　本单元介绍园艺上常用的花卉分类方法。花卉种类繁多，原产地又不同，即使同种同属的花卉，在形态与生物学特点上也不尽相同，它们的栽培技术和应用方式又很多，为了更好地体现出花卉在栽培及观赏上的特殊性，除按植物学系统分类外，还需采用其他的分类方法来补充，以便进行学习、科学研究及合理安排生产和花卉的利用。

【重点与难点】

　　重点掌握依生活型与生态习性的分类方法和依花卉原产地的分类方法。难点是要正确无误地掌握常用的每一种花卉应归属于哪一类。

课题1 依生态习性和栽培应用特点分类

1. 依生态习性分类

　　（1）一年生、二年生花卉

　　1）一年生花卉。指在一年内完成生长、发育、开花、结实和死亡，即春天播种、夏秋开花、结实，后枯死，故又称春播花卉，属于春性植物，多是短日性花卉。大多原产于热带或亚热带地区。例如鸡冠花（图2-1）、百日草（图2-2）、万寿菊（图2-3）、千日红、麦秆菊、一串红（图2-4）、矮牵牛、波斯菊、茑萝、长春花（图2-5）、半支莲等。

图2-1　鸡冠花

图2-2　百日草

图 2-3　万寿菊

图 2-4　一串红

2）二年生花卉。指在二年内完成生长、发育、开花、结实和死亡，即秋天播种、幼苗越冬、翌年春夏开花、结实、后枯死，故又称秋播花卉。

二年生花卉多为长日照花卉，且属于冬性植物，多原产于温带寒温带及寒带地区。例如金鱼草、三色堇、桂竹香、羽衣甘蓝（图 2-6）、金盏菊（图 2-7）、雏菊、风铃草须苞石竹、矮雪轮、矢车菊、紫罗兰（图 2-8）、瓜叶菊（图 2-9）、荷苞花（图 2-10）等。

图 2-5　长春花

图 2-6　羽衣甘蓝

图 2-7　金盏菊

图 2-8　紫罗兰

（2）宿根花卉　宿根花卉是指个体寿命超过两年，可连续生长，多次开花、结实，且地下根系或地下茎形态正常，不发生变态的一类多年生草本花卉。

图2-9 瓜叶菊

图2-10 荷苞花

依其落叶性不同，宿根花卉又有常绿宿根花卉和落叶宿根花卉之分。常绿宿根花卉常见的有：红掌（图2-11）、麦冬、万年青、君子兰（图2-12）、鹤望兰（图2-13）等；落叶宿根花卉常见的有：菊花、芍药（图2-14）、桔梗、玉簪、萱草等。

图2-11 红掌

图2-12 君子兰

图2-13 鹤望兰

图2-14 芍药

（3）球根花卉　球根花卉也属于多年生草本花卉，是宿根花卉的一种特殊类型。地下根系或地下茎发生变态，膨大成为球形或块状，成为植物体的营养储藏器官。

根据其地下变态部分的形态结构不同，球根花卉可分为鳞茎、球茎、块茎、根茎、块根、块状茎六类。

1）鳞茎类。鳞茎类花卉地下肥大的营养储藏器官是由叶片基部或叶片肉质化、肥厚并互相抱合而形成的。地下茎肉质扁平短缩，称为鳞茎基或鳞茎盘。顶芽生于鳞茎盘的中央，被一至多枚肉质鳞叶包围。鳞茎类花卉由顶芽抽生叶片和花葶。

鳞茎类根据部基外侧有无膜质鳞片包被而分为两种类型：有皮鳞茎和无皮鳞茎。

有皮鳞茎如郁金香属郁金香（图 2-15）、风信子属风信子（图 2-16）、朱顶红属朱顶红（图 2-17）、水仙属洋水仙（图 2-18）、葱兰属、文殊兰属、石蒜属等。

图 2-15　郁金香

图 2-16　风信子

图 2-17　朱顶红

图 2-18　洋水仙

　　无皮鳞茎如百合属卷丹（图 2-19）、香水百合（图 2-20）、铁炮百合（图 2-21）、贝母属、大百合属等。

图 2-19　卷丹

图 2-20　香水百合

2）球茎类。地下肥大的营养储藏器官是地下茎的变态，肥大成球状。肉质实心，质地硬。其上茎节明显，有发达的顶芽和侧芽。如仙客来（图2-22）、唐菖蒲、小苍兰（图2-23）、番红花等。

图2-21　铁炮百合

图2-22　仙客来

3）块茎类。块茎是由地下根状茎顶端膨大而形成。其上茎节不明显，且不能直接生根，顶芽发达。如马蹄莲（图2-24）、花叶芋（图2-25）、大岩桐（图2-26）、彩色马蹄莲（图2-27）、菊芋等。

图2-23　小苍兰

图2-24　马蹄莲

图2-25　花叶芋

图2-26　大岩桐

4）根茎类。根茎是横卧地下、节间伸长、外形似根的变态茎。形态上与根有明显的区别，其上有明显的节、节间、芽和叶痕。如美人蕉（图2-28）、德国鸢尾（图2-29）、玉簪（图2-30）等。

图 2-27   彩色马蹄莲

图 2-28   美人蕉

图 2-29   德国鸢尾

图 2-30   玉簪

5）块根类。块根是由不定根或侧根膨大而成块状，其不能形成不定芽，只在根冠处生芽。如大丽花（图 2-31）、花毛茛等。

6）块状茎类。顶芽发达，基部产生次生根，多年生，能继续膨大，但不产生新的子球。如球根秋海棠、仙客来。

（4）木本花卉   木本花卉主要是指花灌木或小乔木，以及传统的盆栽木本花卉，如园林绿化类倒挂金钟（图 2-32）、牡丹（图 2-33）、梅花、石榴、月季、栀子花等。盆栽类常见的有山茶花（图 2-34）、杜鹃花（图 2-35）、瑞香、叶子花（图 2-36）、一品红、茉莉花（图 2-37）等；切花类常见的有切花月季、梅花、蜡梅、银芽柳等。

图 2-31   大丽花

图 2-32   倒挂金钟

图 2-33 牡丹

图 2-34 山茶花

图 2-35 杜鹃花

图 2-36 叶子花

（5）室内观叶植物　室内观叶植物是指以叶为主要观赏部位，并多盆栽供室内装饰用的一类花卉植物。室内观叶植物大多是性喜温暖湿润的常绿植物，具有一定的耐荫性，能适应室内的弱光条件，且大多根系较小，在有限的培养土内也能生长良好。室内观叶植物多原产于热带及亚热带地区，既包括草本植物也包括木本植物，最常见的有蕨类、棕榈科、天南星科、百合科、秋海棠科、竹芋科、凤梨科等。

1）蕨类植物又称羊齿植物，如铁线蕨、肾蕨（图 2-38）、巢蕨、鹿角蕨（图 2-39）、富贵蕨（图 2-40）、苏铁蕨（图 2-41）、桫椤蕨（图 2-42）等。

图 2-37 茉莉花

图 2-38 肾蕨

图 2-39　鹿角蕨

图 2-40　富贵蕨

图 2-41　苏铁蕨

图 2-42　杪椤蕨

2）食虫植物如猪笼草（图 2-43）、捕蝇草（图 2-44）、瓶子草等。

图 2-43　猪笼草

图 2-44　捕蝇草

3）凤梨科植物，如彩叶凤梨、虎纹凤梨、金边凤梨、筒凤梨等。

4）花木类，如一品红（图 2-45）、龙血树（图 2-46）、龟背竹（图 2-47）、红脉豹纹竹芋（图 2-48）、变叶木（图 2-49）、米籽兰、珠兰等。

图 2-45　一品红

图 2-46　龙血树

图 2-47　龟背竹

图 2-48　红脉豹纹竹芋

（6）兰科植物　依其生态习性不同，又可分为地生兰类：春兰、蕙兰（图 2-50）、建兰、墨兰、寒兰等；附生兰类：兜兰（图 2-51）、蝴蝶兰（图 2-52）、文心兰（图 2-53）、石斛、卡特兰等。

图 2-49　变叶木

图 2-50　蕙兰

图 2-51　兜兰

图 2-52　蝴蝶兰

（7）多浆植物　仙人掌类及多浆植物是茎、叶肥厚多汁，具有发达的储水组织，抗干旱、抗高温能力很强的一类植物。因其形态奇特，也具有很高的观赏价值，如仙人掌、蟹爪兰、昙花（图 2-54）、芦荟、生石花、龙舌兰、黄雪光（图 2-55）、星美人（图 2-56）、条纹十二卷（图 2-57）等。

（8）水生花卉　要求生育环境中具有一定量的水，在无水或干旱的条件下生长不良，甚至死亡，如王莲（图 2-58）、荷花、萍蓬草、菖蒲、凤眼莲、睡莲（图 2-59）等。

（9）岩生花卉　指耐旱性强，适合在岩石园栽培的花卉，如虎耳草、香堇、蓍草、景天类等。

图 2-53　文心兰

图 2-54　昙花

图 2-55　黄雪光

图 2-56　星美人

图 2-57　条纹十二卷

图 2-58　王莲

图 2-59　睡莲

2. 依花期分类

（1）春季花卉　指 2～4 月期间盛开的花卉，如金盏菊、虞美人、郁金香、花毛茛、风信子、水仙等。

（2）夏季花卉　指 5～7 月期间盛开的花卉，如凤仙花、金鱼草、荷花、火星花、芍药、石竹等。

（3）秋季花卉　指在 8～10 月期间盛开的花卉，如一串红、菊花、万寿菊、石蒜、翠菊、大丽花等。

（4）冬季花卉　指在 11 月至翌年 1 月期间盛开的花卉。因冬季严寒，长江中下游地区露地栽培的花卉能花朵盛放的种类稀少，常用观叶花卉取而代之，如羽衣甘蓝。

3. 依观赏部位分类

按花卉可观赏的花、叶、果、茎、芽等器官进行分类。

（1）观花类　以观花为主的花卉，欣赏其色、香、姿、韵，如虞美人、菊花、荷花、晚香玉、飞燕草、霞草等。

（2）观叶类　观叶为主，花卉的叶形奇特或带彩色条斑，富于变化，具有很高的观赏价值，如彩叶草、龟背竹、花叶芋、旱伞草（伞莎草）、蔓绿绒、蕨类等。

（3）观果类　植株的果实形态奇特、艳丽悦目，挂果时间长且果实干净，可供观赏，如五色椒、金桔、佛手、金银茄、冬珊瑚、颠茄等。

（4）观茎类　这类花卉的茎、分枝或带有叶常发生变态，婀娜多姿，具有独特的观赏价值，如仙人掌类、竹节蓼、文竹、佛肚竹、光棍树等。

（5）观芽类　主要观赏其肥大的叶芽或花芽，如结香、银芽柳等。

（6）其他　有些花卉的其他部位或器官具有观赏价值，如马蹄莲观赏其色彩美丽、形态奇特的苞片，海葱则观赏其硕大的绿色鳞茎。

4. 依经济用途分类

（1）药用花卉　如芍药、桔梗、麦冬、贝母、百合、石斛等。

（2）香料花卉　如薄荷、晚香玉、玉簪、香堇、香雪兰、玫瑰等。

（3）食用花卉　如百合、茼蒿花脑、黄花菜、落葵、藕等。

（4）其他有经济价值的花卉　如可生产纤维、淀粉及油料的花卉，即蜀葵、鸡冠花、扫帚草、含羞草、马蔺、黄秋葵等。

5. 依园林用途分类

1）花坛花卉。

2）盆栽花卉。

3）室内花卉。

4）切花花卉。

5）观叶花卉。

6）荫棚花卉。

6. 依自然分布的分类

1）热带花卉。

2）温带花卉。

3）寒带花卉。

4）高山花卉。

5）水生花卉。

6）岩生花卉。

7）沙漠花卉。

7. 依栽培方式分类

1）露地花卉。

2）温室花卉。

3）切花栽培。

4）促成栽培。

5）抑制栽培。

6）无土栽培。

7）荫棚栽培。

8）种苗栽培。

课题 2 依花卉原产地分类

1. 中国气候型

中国气候型也称大陆东岸气候型。这一气候型的特点是夏热冬寒，年内温差较大，夏季降水量较多。属此气候型的地区有：中国的大部分地区、日本、北美东部、巴西南部、大洋洲东部、非洲东南部等地。依冬季气温的高低可分为温暖型及冷凉型。

（1）温暖型　包括中国长江以南、日本南部、北美东南部等地，原产的花卉有：中国石竹、福禄考、天人菊、美女樱、矮牵牛、半支莲、凤仙花、麦秆菊、一串红、山茶、杜鹃花、石蒜、唐菖蒲、非洲菊报春花、百合、马蹄莲等。

（2）冷凉型　包括中国北部、日本东北部、北美东北部等地，原产的花卉有：翠菊、黑心菊、荷包牡丹、芍药、菊花、荷兰菊、金光菊、蔷薇等。

2. 欧洲气候型

欧洲气候型也称大陆西岸气候型。这一气候型的特点是冬季温暖，夏季凉爽，一般气温不超过17℃，降水量较少但四季较均匀。属此气候型的地域有：欧洲大部分、北美西海岸中部、南美西南部、新西兰南部等地。原产的花卉有：雏菊、矢车菊、剪秋罗、紫罗兰、羽衣甘蓝、三色堇、宿根亚麻、喇叭水仙等。

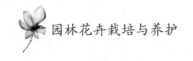

3. 地中海气候型

以地中海沿岸气候为代表，其特点是自秋季至次年春末降雨较多；冬季无严寒，最低温度为 6 ~ 7℃；夏季干燥、凉爽，极少降雨，为干燥期，气温为 20 ~ 25℃。多年生花卉常成球根状态。属于该气候型的地区有南非好望角附近、大洋洲和北美的西南部、南美智利中部、北美洲加利福尼亚等地。原产这些地区的花卉有：风信子、郁金香、水仙、香雪兰、蒲包花、天竺葵、君子兰、鹤望兰等。

4. 墨西哥气候型

墨西哥气候型又称热带高原气候型，特点是全年平均温度为 14 ~ 17℃，温差小，降雨量因地区而有所不同，有的雨量充沛均匀，也有的集中在夏季。属该气候型的地区除墨西哥高原之外，尚有南美洲的安第斯山脉、非洲中部高山地区、中国云南省等地。主要花卉有：大丽花、晚香玉、百日草、一品红、球根秋海棠、金莲花等。

5. 热带气候型

该气候型的特点是常年气温较高，30℃左右，温差小；空气湿度较大；有雨季与旱季之分。此气候型又可区分为两个地区：

（1）亚洲、非洲、大洋洲的热带地区　原产该地的花卉有：鸡冠花、凤仙花、蟆叶秋海棠、彩叶草、虎尾兰、万带兰、非洲紫罗兰、猪笼草等。

（2）中美洲和南美洲热带地区　原产该地的花卉有：紫茉莉、大岩桐、美人蕉、竹芋、水塔花、卡特兰、朱顶红等。

6. 沙漠气候型

该气候型的特点是周年气候变化极大，昼夜温差也大，降雨少，干旱期长；多为不毛之地，土壤质地多为沙质或以沙砾为主。属该气候型的地区有非洲、大洋洲中部、墨西哥西北部及我国海南岛西南部。原产花卉有：仙人掌类、芦荟、龙舌兰、龙须海棠（松叶菊）、伽蓝菜等多浆植物。

7. 寒带气候型

气候特点是气温偏低，尤其冬季漫长寒冷，夏季短暂凉爽，植物生长期只有 2 ~ 3 个月。我国西北、西南及东北山地一些城市，地处海拔 1000m 以上也属高寒地带，栽培花卉时要照顾到气候型的因素。属该气候型的地区有阿拉斯加、西伯利亚、斯堪的纳维亚等寒带地区及高山地区。主要的花卉有：雪莲、细叶百合、绿绒蒿、镜面草、龙胆等。

单元3　园林花卉生长发育的影响因子

【学习目标】

通过学习，掌握花卉生长发育的影响因子的作用；了解依据不同因子下花卉的分类。

【重点与难点】

重点是掌握花卉生长发育的影响因子的作用；难点是掌握花卉生长发育影响因子对栽植技术的影响。

花卉植物的生长发育，一方面决定于植物本身的遗传特性，另一方面决定于温、光、水、土、肥、气等外界环境条件。在花卉栽培中，要通过育种技术得到优良的新品种，同时，也要通过优良的栽培技术及为其创造适宜的环境条件以达到栽培的目的。所有这些条件都是相互联系的，它们对于生长发育的影响都是综合作用的结果。因此，在花卉生产上，必须全面地考虑各个环境条件总体的作用。

课题1　温　　度

温度是影响花卉生长发育的最重要的环境因子之一。温度的高低与花卉的生长和发育有极密切的关系，因为它影响着植物体内一切生理变化。不同种类的植物有不同的适宜温度。

1. 花卉对温度三基点的要求

（1）温度三基点的概念　原产于热带、温带及寒带的植物对于温度的要求有很大的差异。因此，不同花卉的种或品种各有其"最适温度"，在此温度中生长得最快，当由此继续升高或降低时，则花卉的生长逐渐缓慢，而最后停止生长。其生长的最低温度和最高温度称为生长的"最低点"和"最高点"，以上被称为"温度的三基点"。

（2）不同花卉种类对温度的三基点要求不同

1）原产热带的花卉：生长的基点温度较高，一般在18℃开始生长。如王莲的种子，需在30～35℃的水温下才能发芽生长。

2）原产亚热带的花卉：生长的基点温度居中，一般在12～15℃时开始生长。

3）原产温带的花卉：生长基点温度较低，一般5℃开始生长。芍药在冬季 -10℃下地下部分可以越冬，第二年春5℃萌发，郁金香地下部分可耐 -30℃的低温。

在花卉栽培中所指生长的"最适温度"与植物生理学中所指的最适温度在意义上可能有所不同，在

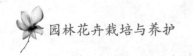

植物生理中所指最适温度仅指生长速度最快时的温度，而在花卉栽培中所指的最适温度不仅使植物生长得快，而且必须是生长得很健壮。

2. 温度对花卉分布的影响

依据耐寒力的大小，可将花卉分成三类：

（1）耐寒性花卉　原产于温带及寒带的二年生花卉及宿根花卉抗寒力强，在我国寒冷地区能在露地越过冬季。一般能耐0℃以上的温度，其中一部分能忍耐 -10 ~ -5℃的低温，如三色堇（图3-1）、诸葛菜、金鱼草、蛇目菊等能以常绿状态在露地越冬，多数宿根花卉如蜀葵、锦葵、玉簪、金光菊、花叶玉簪（图3-2）等，当严冬到来时，地上部分干枯，到翌年春季又萌发新芽而生长开花。二年生花卉在生长期不耐高温，因此，在炎热的夏季到来前完成其结实阶段而枯死。

图3-1　三色堇

图3-2　花叶玉簪

（2）半耐寒花卉　这一类花卉多原产于温带较暖地方，耐寒力介于耐寒性与不耐寒性花卉之间，在北方冬季需采取防寒措施才可以越过冬季。如紫罗兰（图3-3）、金盏菊（图3-4）、桂竹香等，在华北地区通常在秋季露地播种育苗，在早霜到来之前移于冷床中，以便保护越冬，当春季晚霜过后定植于露地，以后在春季冷凉气候条件下迅速生长开花，在初夏较高温度中结实，夏季炎热时期到来后死亡。

图3-3　紫罗兰

图3-4　金盏菊

（3）不耐寒花卉　这一类如一年生花卉及不耐寒多年生花卉，多原产于热带及亚热带，在生长期间要求高温，不能忍受0℃以下的温度，其中一部分种类甚至不能忍受8℃以下的温度，在此温度下则停止生长或死亡。因此，一年生花卉生长发育能在一年中无霜期内进行，在春季生长发育，在秋季早霜到来时死亡。

温室花卉为不耐寒花卉，一般原产于热带或亚热带的花卉在北方不能露地越冬。

由于原产地不同，温室花卉在养护时也常将其分为三类：

1）低温温室花卉：大部分种类原产温带南部。为半耐寒花卉。生长期最低温度在 5 ~ 8℃（夜间温度应在 3 ~ 5℃），如四季报春（图3-5）、小苍兰类、茶花、朱顶红（图3-6）、蜘蛛兰等。这些花卉可在

图 3-5　四季报春

图 3-6　朱顶红

冷室或冷床（阳畦）中越冬。相反，此种类花卉如冬季温度过高，则生长不良。

　　2）中温温室花卉：该类花卉大部分原产于亚热带及对温度要求不高的热带，生长期温度为 8～15℃（夜间最低温度为 8～10℃）。如广东万年青、天竺葵（图 3-7）、仙客来（图 3-8）等。

　　3）高温温室花卉：原产热带、生长期间温度在15℃以上，也可高达 30℃左右。最低温度到 10℃时，则生长不良，如红掌（图 3-9）、蝴蝶兰（图 3-10）等；冬季最低温应保持在 15℃以上，如孔雀竹芋（图 3-11）等。

图 3-7　天竺葵

图 3-8　仙客来

图 3-9　红掌

图 3-10　蝴蝶兰

图 3-11　孔雀竹芋

3. 与生长发育阶段的关系

各种花卉生长发育的最适温度在不同的发育阶段有不同的要求，即从种子发芽到种子成熟，对于最适温度的要求是不断改变的。以一年生花卉来说，种子萌发可在较高的温度中进行，以后幼苗期间温度稍低，由幼苗渐长到开花结实阶段，对温度的要求逐渐增高。

二年生花卉种子萌发在较低温度下进行，在幼苗期间要求温度更低，否则不能渡过春化阶段。而当开花结实时则要求高于营养生长时期的温度。

温度与花卉的发育、花芽分化及花色等均有密切的关系，有的花随温度的升高而变浅，如大丽花，夏花不如秋花；月季，夏季高温花小、色淡、花型乱，而在低温时则色泽变深。

有的花卉随温度的升高而花色变深。如矮牵牛中的个别品种在 30～35℃ 开花时，花瓣呈蓝或紫色，在 15℃ 下开花时呈白色，在上述两者之间的温度下，就呈蓝和白的复色花。蓝色和白色的比例随温度而变化。温度变化近于 30～35℃ 时，蓝色部分增多。

昼夜温差较大，利于花卉的生长发育，积累的有机物质更多。热带植物：合适的昼夜温差为 3～6℃。温带植物则为 5～7℃。沙漠地区原产的植物如仙人掌类为 10℃ 以上。当然昼夜温差也有一定的范围，并非温差越大越好，否则对生长也不利，花芽分化时要求有 10℃ 的温差，如君子兰（图 3-12）等。

图 3-12　君子兰

为了给花卉生长发育创造良好的生长环境，可以采用温室、塑料大棚、加温、保温、荫棚、喷雾、选择小地形及适时播种、适时扦插等措施对花卉的生长环境进行改良。

课题 2　水　　分

水分是植物生长发育不可缺少的因素，水分状况对于植物生命活动有着重要的作用。水是植物的组成部分，一般植物的含水量占植物鲜重的 75%～80%，个别品种含水量达 90% 以上。水是植物光合作用的重要原料之一，是植物中物质转运的溶剂，也是植物体一切生化反应的介质。

1. 花卉对水分的要求

花卉因原产地的生态条件不同，对水分的要求有很大的差异，大体上可分为以下四个类型：

（1）耐旱花卉　包括原产于沙漠及半荒漠地带的仙人掌和多肉植物以及沙拐枣、锦鸡儿、金琥（图 3-13）、玉树（图 3-14）等，这类花卉的蒸腾作用很慢，肉质多浆的茎叶又能储存大量的水分。锦鸡儿等北方沙生植物其叶片上气孔的保卫细胞相当肥大，遇天气干旱会立即收缩，气孔关闭，以减少蒸腾，它们在干旱的环境下仍能缓慢生长。如果土壤水分过多，则会烂根。在栽培管理中应掌握宁干勿湿的浇水原则。

（2）中生花卉　它们对土壤水分的要求多于耐旱花卉，但也不能在全湿的土壤中生长。其中包括一些一、二年生花卉如非洲菊（图 3-15）、宿根花卉如芍药（图 3-16）、球根花卉及一大部分木本花卉如月季、扶桑、茉莉等，这类花卉的浇水原则是间干间湿；而兰花，如兜兰（图 3-17）

图 3-13　金琥

则喜欢土壤湿度低、空气湿度高的环境条件，在养护时应不断向空中喷雾或加大周围的地面湿度。

图3-14 玉树

图3-15 非洲菊

图3-16 芍药

图3-17 兜兰

（3）耐湿花卉 这类花卉在原产地多生长在湖泊、小溪边或生长在热带雨林的气候条件下，如合果芋（图3-18）、白花紫露草（图3-19）、龟背竹、马蹄莲、海芋、竹节万年青等天南星科的植物以及一些鸭跖草科植物，它们需要很高的土壤湿度和空气湿度，极不耐旱，在养护过程中应掌握宁湿勿干的浇水原则。

（4）水生花卉 它们必须在水中生长，其中必须在浅水中生长的有荷花、睡莲（图3-20）等，可在沼泽的积水低洼地上生长的有黄菖蒲（图3-21）、水生美人蕉（图3-22）、千屈菜、水葱等，应把它们养在湖、塘、水池、水缸或园林中的湿地上。

图3-18 合果芋

图3-19 白花紫露草

图3-20 睡莲

图 3-21 黄菖蒲　　　　　　　　　　　　　　图 3-22 水生美人蕉

2. 发育阶段和水分的关系

就一种花卉来说，在它生长发育的各个阶段，对水分的要求也不一样，比如播种后就需较高的土壤湿度，以便湿润种皮，使种胚膨胀，有利于胚根和胚芽的萌发。如仙客来，种子萌动后若水分不足，便进入第二次休眠，以后出苗则不整齐。为了防止苗木徒长，促使植株老熟，应降低土壤湿度，相对干旱还能使枝条停止加长生长，体内储存的营养物质可集中供应花芽分化，开花以后如果土壤含水过多，则花朵会很快完成授粉而败落。

对观花类花卉来说，为了延长花期，应尽量少浇。对于观果花卉来说则应供给充足的水分，以满足果实发育的需要。冬季气温低，大部分花卉处于休眠状态，常绿花卉的生长也极为缓慢，土壤的蒸发量也大大减少，因此应减少浇水，以防烂根。

3. 空气湿度

花卉在进行扦插、嫁接或分株繁殖时，大都需要 80% 以上的空气湿度，才能使繁殖材料长期处于鲜嫩状态，防止凋萎，从而提高繁殖成活率。

大多数花卉植物，特别是南方原产的花卉植物移到北方栽植以后，应采取措施改变小气候的干燥状态，从而提高相对湿度，否则叶片因干燥而表面粗糙，失去光泽，甚至焦边枯黄。

花卉在冬季温室养护阶段，由于保温的需要，通常门窗紧闭，室内的空气相对湿度常常显得过高，容易发生徒长，并引起多种病虫害。因此，应加强通风来降低温度。

课题3 光　　照

光照是植物生活的必要条件，一般植物的最适光量大致为全日照的 50%～70%，多数植物在 50% 以下生长不良。就一般植物来说，2000～4000lx 已可使植物达到生长与开花的要求，过强的光照会使植物的同化作用减缓。当日光不足时，同化作用和蒸腾作用减弱，植物徒长，节间伸长，花色及花的香气不足，分蘖力减小，且易感染病虫害。

1. 光照强度与花卉生长发育的关系

种类繁多的花卉植物来自不同的海拔高度的不同的光照条件下，因此对光照的强度要求很不一致。我们必须了解各种花卉对光照的不同要求，并加以区别对待。

根据花卉植物对光照的不同要求，可大致将它们分成以下三类：

（1）阳性花卉　大部分观花、观果花卉都属于阳性花卉，其中包括一、二年生花卉、宿根花卉、大部分球根花卉和很多木本花卉，如丁香、紫薇、月季、蔷薇、扶桑、夹竹桃等。在观叶类花卉中也有一部分阳性植物，如苏铁、橡皮树等，还有水生花卉、仙人掌与多浆植物，它们都喜强光，在庇荫的环境下则枝条纤细，节间伸长，叶片黄瘦，花小而不艳，香味不浓，果实青绿而不上色，因而失去观赏价值，有的根本不能开花，这类花卉盆栽时应放在阳光充足的场地养护。地栽时应栽在空旷的场地或建筑物的南面，在室内只能临时陈设，冬季应放在温室的前口，使它见充足的阳光，如黑心菊（图3-23）、菊花（图3-24）等。

图 3-23　黑心菊

图 3-24　菊花

（2）阴性花卉　这类花卉多原产于热带雨林或高山的阴面或森林的下面，也有的自然生长在阴暗的山涧中，在庇阴的环境条件下生长特别好。如天鹅绒竹芋（图3-25）、金钱树（图3-26）、文竹、兰科植物、蕨类植物、鸭跖草科植物、天南星科植物以及玉簪、石蒜、爬山虎、大岩桐、水晶掌、秋海棠、仙客来，它们都不能忍受阳光直射，否则会焦黄枯萎，时间一长还会死亡。在露地栽培时，应将它们栽在建筑物的北侧，或栽在树荫下面。盆栽时，室外需入荫棚养护，温室内培养需加竹帘遮荫。这类花卉可以比较长时间在室内陈设，在花卉应用中属室内花卉。

图 3-25　天鹅绒竹芋

图 3-26　金钱树

（3）中性花卉　这类花卉多原产于亚热带地区，如龙吐珠（图3-27）、杜鹃（图3-28）、山茶、白兰、栀子、红背桂等，它们在原产地生长时，由于当地空气中的水气较多，一部分紫外线被水雾所吸收，因而减弱了光照强度。人们把这些花卉拿到北方栽培后，则不能忍受盛夏的阳光直射，因此，应放在疏林底下或放在荫棚南侧养护，立秋以后再移到阳光下，冬季温室养护则要见直射光，它们也可在室内陈设，或摆放在建筑物的东西两侧，室内陈设需定期轮换。

图 3-27　龙吐珠

图 3-28　杜鹃花

2. 光照时间对花卉的影响

花卉对光照的要求还有一个光照时间长短的问题。

（1）长日性花卉　必须在 12h 以上的长日照环境下才能进行花芽分化，并进入开花结果阶段的花卉，如唐菖蒲（图 3-29）、满天星（图 3-30）等。唐菖蒲是典型的长日性花卉，为了周年供应唐菖蒲切花，冬季在温室中栽培时，除需要高温外，还要用电灯照明来增加光照时间。

图 3-29　唐菖蒲

图 3-30　满天星

（2）短日性花卉　日照长度在 12h 以下才能进行花芽分化的花卉。菊花（图 3-31）和一品红（图 3-32）是典型的短日照花卉，它们在夏天长日照的环境下只能进行营养生长，不能进行花芽分化。入秋后，当光照时间减少到 11h 以下才能开始进行花芽分化。人们为了使它们提前开花，常采用遮光的方法来缩短光照时间。

图 3-31　菊花

图 3-32　一品红

（3）中日性花卉　还有一部分花卉植物，它们对光照时间长短没有明显的反应，只要温度合适，一年四季都能开花，如非洲菊（图 3-33）、月季（图 3-34）、扶桑（图 3-35）、倒挂金钟（图 3-36）等，常把它们称之为中性花卉。

图 3-33　非洲菊

图 3-34　月季

图 3-35　扶桑

图 3-36　倒挂金钟

　　花卉工作者为了在重大节日实现百花齐放，常采用控制光照的方法来调控花期，需要提早开花的短日照花卉，如一品红、叶子花等在国庆节开放，必须提前 50～60 天来缩短每天的光照时间，将光照时间减少到 10h 以下。为了使一些必须在长日照条件下才能进行花芽分化的花卉，如唐菖蒲、晚香玉等能在冬季进行切花生产，以便周年向市场供应鲜花，应在温室内进行补光，将光照时间延长到 14h 以上，同时满足它们对高温的要求。

3. 光线的有无和强弱与开花的关系

　　有些花卉的开放时间，决定于光线的有无和强弱。如半支莲、酢浆草必须在强光下才能开放，日落后闭合；牵牛花则在凌晨开放，下午闭合；昙花（图 3-37）则在晚上 8 点后开放，0 点以后逐渐败谢；紫茉莉下午 4 时开放。

　　在花卉栽培中，为了使一些只在夜晚开放的花卉能在白天开放，以便于人们观赏，常采用光暗颠倒的方法，使公园的游人能够在白天观赏到昙花的风姿。

图 3-37　昙花

　　18 世纪瑞典的植物学家林奈，为了确切地说明开花时间和光线的强弱与有无之间的关系，在一个精心设计的花坛里，按花卉开花的时间顺时针排列，曾制出世界上第一个"花时钟"：蛇床花 3 点开放、牵牛花 4 点开放、野蔷薇 5 点开放、龙葵花 6 点开放、芍药花 7 点开放、莲花 8 点开放、半支莲 10 点开放、马齿苋 12 点开放、万寿菊 15 点开放、紫茉莉 17 点开放、烟草花 18 点开放、丝瓜花 19 点开放、夜来香 20 点开放、昙花 21 点开放。

单元4 园林花卉的繁殖技术

【学习目标】

通过学习，掌握花卉各种繁殖技术的基本理论和方法。

【重点与难点】

重点是掌握花卉各种繁殖技术的基本理论和方法技术；难点是熟练掌握花卉繁殖技术的实践操作。

花卉繁殖是指用各种方式产生新的花卉后代，增加个体的数量，保存种质资源和扩大其群体的过程与方法。花卉的繁殖依繁殖体来源不同，可分为有性繁殖和无性繁殖两大类。

课题1 有 性 繁 殖

有性繁殖，也称种子繁殖，是经过减数分裂形成的雌、雄配子结合后，产生的合子发育成胚，再生长发育成新个体的过程。用种子繁殖的花卉幼苗，称实生苗。凡是能采收到种子的花卉均可进行种子繁殖。

1）优点：①繁殖数量大，方法简便；②所得苗株根系完整，生长健壮；③寿命长，种子便于携带、储藏、流通、保存和交换。

2）缺点：①一些花卉后代易发生变异，不易保持原品种的优良性状，而出现不同程度的退化；②部分木本花卉采用种子繁殖，开花结实慢，移栽不易成活。

1. 种子的来源及发芽条件

（1）优良种子的条件

1）品种纯正。花卉种子形状各异，通过种子的形状可以确认品种，如弯月形（金盏菊）、地雷形（紫茉莉）、鼠粪形（一串红）、肾形（鸡冠花）、卵形（金鱼草）、椭圆形（四季秋海棠）等。在种子采收、处理去杂、晾干、装袋储存的整个过程中，要标明品种、处理方法、采收日期、储藏温度、储藏地点等，以确保品种正确无误。

2）颗粒饱满，发育充实。采收的种子要成熟，粒大而饱满，有光泽，种胚发育健全。种子大小按千粒重分级：大粒种子千粒重10g左右，如牵牛花、紫茉莉、旱金莲等；中粒种子的千粒重3~5g，如一串红、金盏菊、万寿菊等；小粒种子的千粒重0.3~0.5g，如鸡冠花、石竹、翠菊、金鸡菊等；微粒种子的千粒重约0.1g，如矮牵牛、虞美人、半枝莲、藿香蓟等。

3）富有生活力：新采收的种子比陈旧的种子生活力强盛，发芽率高。储藏条件适宜，种子的寿命长，生命力强。花卉种类不同，其种子寿命差别也较大。

4）无病虫害：种子是传播病虫害的重要媒介。种子上常常带有各种病虫的孢子和虫卵，储藏前要杀菌消毒，检验检疫，不能通过种子传播病虫害。

（2）花卉种子的来源　采收、购买、交换。

（3）种子发芽条件

1）基质。一般要求细而均匀，不带石块、植物残体及杂物，通气、排水、保湿性能好，肥力低，无病虫害。

2）水分。花卉种子萌发首先需要吸收足够的水分。不同花卉种子的吸水能力不同，播种期不同，种子对水分需求也不相同。基质的含水量应在播种前一天调节好，不能太高或过低。

3）温度。花卉种子萌发的适宜温度依种类及原产地的不同而异。一般花卉种子萌芽适温要比生育适温高出 3～5℃。绝大多数花卉种子发芽的最适温度为 18～21℃。

4）氧气。种子萌发必须有足够的氧气，这就要求大气中含氧充足，播种基质透气性良好。

5）光照。大多数花卉种子的萌发对光照要求不严格，喜光性种子萌芽期间必须有一定的光照，如毛地黄、矮牵牛、凤仙花等；而嫌光性种子萌芽期间必须遮光，如雁来红等。

2. 花卉种子的成熟与采收

（1）种子的成熟　形态成熟的种子是指种子的外部形态及大小不再变化，从植株上或果实内脱落的成熟种子。生产上所指的成熟种子是指形态成熟的种子。生理上所指的成熟种子是指具有良好发芽能力的种子，仅以生理特征为指标。许多木本花卉的种子，当外部形态及内部结构均已充分发育，达到形态成熟时，在适宜条件下并不能发芽，是生理上尚未成熟。种子生理未成熟是种子休眠的主要原因。

（2）种子的采收

1）留种母株优选。

2）采收。适时采收，并注意采收时间、方法、注意事项。

3. 花卉种子的寿命和储藏

不同植株、不同地区、不同环境、不同年份产生的种子差异会很大。因此种子的寿命不可能以单粒种子或单粒寿命的平均值表示，只能从群体来测定，通常取样测定其群体的发芽百分率来表示。

生产上把种子群体的发芽，从收获时起，降低到原来发芽率的 50% 的时间定为种子群体的寿命，这个时间称为种子的半活期。种子 100% 丧失发芽力的时间可视为种子的生物学寿命。

（1）种子寿命的类型　在自然条件下，种子寿命的长短因花卉而异。种子按寿命的长短，可分为三类。

1）短命种子。寿命在 3 年以内的种子，常见于以下几类花卉：种子在早春成熟的树木；原产于高温、高温地区无休眠期的花卉；子叶肥大的；水生花卉。

2）中寿种子。寿命在 3～15 年间，大多数花卉是这一类。

3）长寿种子。寿命在 15 年以上，这类种子以豆科植物最多，美人蕉属、锦葵科某些花卉种子寿命也很长。

（2）影响种子寿命的因素　种子寿命的缩短是种子自身衰败所引起的，衰败或称为老化，是生物存在的规律，是不可逆转的。

种子寿命的长短除遗传因素外，也受种子的成熟度，成熟期的矿物质营养、机械损伤与冻害、贮存期的含水量以及外界的温度、霉菌的影响，其中以种子的含水量及储藏温度为主要因素。

多数种子在相对湿度为 80% 及 25～35℃时，很快丧失发芽力；在相对湿度低于 50%、温度低于 5℃时，生活力保持较久。

（3）花卉种子的储藏方法

1）不控温、湿的室内储藏。

2）干燥密封储藏。将干燥的种子密封在绝对不透气的容器内，能长期保持种子的低含水量，可延长种子的寿命，是近年来普遍采用的方法。

3）干燥冷藏。一般草本花卉及硬实种子可在相对湿度不超过50%、温度为4~10℃下储藏。

4）层积沙藏法。即在储藏室的底部铺上一层厚约10cm的河砂，再铺上一层种子，如此反复，使种子与湿砂交互做层状堆积。如牡丹、芍药的种子采后可用层积沙藏法。但一定要注意室内通风良好，同时要注意鼠害。

5）水藏法。王莲、睡莲、荷花等水生花卉种子必须储藏在水中才能保持其生活力和发芽力。

（4）播种前种子的处理　不同种类的种子应采取不同的方法进行处理。

1）浸种催芽。对于容易发芽的种子，播种前用30℃温水浸泡2~24h，可直接播种。如一串红、翠菊、金莲花、紫荆、珍珠梅、锦带花等。对于发芽迟缓的种子，播前需浸种催芽。用30~40℃的温水浸泡，待种子吸胀后捞出，用湿纱布包裹放入25℃的环境中催芽。催芽过程中需每天用清水冲洗1次，待种子露白后即可播种，如文竹、仙客来、君子兰、天门冬、冬珊瑚等。

2）剥壳。对果壳坚硬不易发芽的种子，需剥去果壳后再播种，如黄花、夹竹桃等。

3）挫伤种皮。美人蕉、荷花等种子，种皮坚硬不易透水、透气，很难发芽。可在播种前在近脐处将种皮挫伤，再用温水浸泡，种子吸水膨胀，可促进发芽。

4）拌种。对于小粒或微粒花卉种子，拌入"包衣剂"，给种子包上一层外衣，主要起保持种子的水分和防治病虫害的作用，有利于种子发芽。

5）药剂处理。用硫酸等药物浸泡种子，可软化种皮，改善种皮的通透性，再用清水洗净后播种。处理的时间视种皮质地而定，勿使药液透过种皮伤及胚芽。

6）低温层积处理。对于要求低温和湿润条件下完成休眠的种子，如牡丹、鸢尾、蔷薇等，常用低温湿砂层积法来处理，第二年早春播种，发芽整齐迅速。

4. 播种时期

播种期应根据各种花卉的生长发育特性、计划供花时间以及环境条件与控制程度而定。保护地栽培下，可按需要时期播种；露地自然条件下播种，则依种子发芽所需温度及自身适应环境的能力而定。

（1）春播　一年生草花大多为不耐寒花卉，多在春季播种。北方约在4月上、中旬播种。

（2）秋播　二年生草花大多为耐寒花卉，多在秋季播种。北方多在9月上、中旬播种。

（3）播种时期

1）露地一年生花卉。春播，即春季晚霜过后播种，北方在4月上、中旬。如北方供"五一"节花坛用花，可提前1~2月播种在温床或冷床（阳畦）内育苗。

2）露地二年生花卉。秋播，温度过高，反而不易发芽。北方在8月底~9月初。冬季入温床或冷床越冬。

3）宿根花卉。耐寒性宿根花卉，在春播、夏播、秋播均可，如芍药。不耐寒常绿宿根花卉则春播。

4）温室花卉。常随需要的花期而定。多数种类在春季1~4月播种，少数在7~9月播种。

5）随采随播。有些花卉的种子含水量大，寿命短，失水后易丧失发芽力，这种花卉应随采随播，如棕榈树、四季海棠、南天竹、君子兰、枇杷、七叶树等。

6）周年播种。热带和亚热带花卉的种子及部分盆栽花卉的种子，常年处于恒温状态，种子随时成熟。种子萌发主要受温度影响，如果温度合适，种子随时萌发。因此，在有条件时可周年播种，如中国兰花、热带兰花、鹤望兰等。

5. 播种育苗技术

（1）露地直播 某些花卉可以将种子直接播种于容器内或露底永久生长的地方，不经移栽直至开花。容器内直播常用于植株较小或生长期短的草本花卉，适合生长较易、生长快、不适移栽的种类。大面积粗放栽培也用到。需先选地除尽杂草并施肥。生长期中注意除草、间苗、浇水、施肥、除虫等工作。

（2）育苗移栽

1）露地育苗常用于成苗容易或成苗期间长的木本花卉，不需要太贵的设备与设施，在南方更为普遍。通常在专门的苗圃地进行。

2）室内育苗又分苗床育苗和容器育苗。苗床育苗：在室内固定的温床或冷床上育苗是大规模生产常用的方法。容器育苗：这是近代普遍采用的方法，有各类容器可供选用，容器搬动与灭菌方便，移栽时易带土。小容器单苗培育在移栽时可完全带土，不伤根，有利于早出优质产品。用一定规格的容器可配合机械化生产。在播种材料多、每种的量小及进行育种材料的培育时，容器育苗不易产生错乱。

3）浅盆育苗。

① 育苗盆。育苗盆一般采用盆口较大的浅盆或浅木箱，浅盆深10cm，直径30cm，底部有5~6个排水孔，播种前要洗刷消毒后待用。

② 盆土。育苗盆底部的排水孔上盖碎瓦片，下部铺2cm厚粗粒河砂和细粒石子，以利排水，上层装入过筛消毒的播种培养土，颠实、刮平。

③ 播种。小粒、小粒种子掺土后撒播，大粒种子点播。覆盖，轻压实。

④ 盆底浸水法。盆播给水采用盆底浸水法。将播种盆浸到水槽里，下面垫倒置空盆，通过育苗盆的排水孔向上渗透水分，至盆面湿润后取出。浸盆后用塑料薄膜和玻璃覆盖盆口，置蔽阴处，防止水分蒸发和阳光照射。夜间将塑料薄膜和玻璃掀开，使之通风透气，白天再盖好。

⑤ 管理。盆播种子出苗后立即掀去覆盖物，拿到通风处，逐步见阳光。可保持用盆底浸水法给水，当长出1~2片真叶时用细眼喷壶浇水，当长出3~4片叶时可分盆移栽。

（3）播种方式 根据花卉的种类及种子的大小，可采取撒播法、条播法、点播法三种方式。

1）撒播法。即将种子均匀撒播于床面（图4-1~图4-4）。此法适用于大量而粗放的种类、细小种子，盆播也多采用这种方法。出苗量大，占地面积小，但出苗不整齐，疏密不均匀，而且幼苗拥挤，病虫害容易发生，要及时间苗和蹲苗，方可获得壮苗。为了使撒播均匀，通常在种子内拌入3~5倍的细砂或细碎的泥土。

2）条播法。种子成条播种的方法称为条播法。此法用于一般的种类。条播管理方便，通风透光好，有利于幼苗生长。其缺点为出苗量不及撒播法。

3）点播法。点播法也称穴播，按照一定的株行距开穴点种，一般每穴播种2~4粒，出苗后留壮苗一株。点播适用于大粒种子或量少的种子。此法幼苗生长最为健壮，但出苗量最少。

（4）播种量 播种量应以种子的发芽率、气候、土质、种子大小及幼苗生长速度、成株大小而定。

图4-1 撒播法　　　　　　　　　图4-2 撒播法形成的花海（一）

图 4-3　撒播法形成的花海（二）　　　　　图 4-4　撒播法形成的花海（三）

（5）播种深度及覆土　播种的深度也是覆土的厚度。应根据种子大小、土质而定。通常大粒种子覆土深度为种子厚度的 2~3 倍；细小粒种子以不见种子为宜，最好用 0.3cm 孔径的筛子筛土。覆土完毕后，在床面上覆盖芦帘或稻草，然后用细孔喷壶充分喷水，每日 1~2 次，保持土壤润湿。

（6）播种后的管理　播种后的管理需注意以下几个问题：

1）保持苗床的湿润。

2）播种后要适当遮阳。

3）逐步增加光照，逐渐减少水分。

4）及时间苗，去弱留壮。

5）间苗后需立即浇水。

6）苗期宜每周施一次极低浓度的完全肥料，总浓度不超过 0.25%。移栽前要炼苗，在移栽前几天降低土壤温度，最好使温度比发芽温度低 3℃ 左右。

7）移栽适期因花卉而异，清晨和傍晚移苗最好。起苗前浇水，移栽后遮阴、喷水以保证成活。

6. 穴盘育苗技术

穴盘育苗是用一种有很多育苗小孔（呈上大下小的倒金字塔形）的塑料育苗盘，在小孔中装入泥炭和蛭石混合物或育苗用有机基质等，然后在其中播种育苗，一孔育一苗（图 4-5、图 4-6、图 4-7）。从穴盘填装基质、播种、覆盖、镇压、浇水等一系列作业都可以实行机械化、自动化操作（图 4-8、图 4-9）。穴盘播种后，重叠放入催芽室，出苗后转移到温室或大棚内，在环境调控下进行育苗。育成的苗根系发达，与基质紧密结合成锥形坨状。幼苗健壮、整齐。定植后没有缓苗期，发芽早，使产量、品质明显提高。穴盘育苗成本比常规育苗低 30%~50%。

图 4-5　穴盘育苗（一）

图 4-6　穴盘育苗（二）　　　　　图 4-7　穴盘育苗（三）

图 4-8　机械移栽（一）

图 4-9　机械移栽（二）

课题2 无性繁殖

　　无性繁殖又称营养繁殖，即不涉及生殖细胞，不需要经过受精过程直接由母体的一部分直接形成新个体的繁殖方式。

　　无性繁殖的基本类型有：扦插繁殖、嫁接繁殖、分生繁殖、压条繁殖、组织培养快速繁殖等。

1. 扦插繁殖

　　（1）定义、原理与特点

　　1）定义：取植物茎、叶、根的一部分，插入砂或其他基质中，使其生根或发芽成为新的植株的繁殖方法。

　　2）原理：很多营养器官具有再生性，即具有细胞全能性，能产生不定芽和不定根形成新植株。

　　3）特点：培养的植株比播种苗生长快，开花时间早，繁殖容易，繁殖量大，能保持原品种的特性。对不易产生种子的花卉，多采用这种繁殖方法，但根系较弱、浅。

　　（2）影响扦插生根的因素

　　1）内在因素。

　　① 花卉种类。不同花卉间遗传性也反映在插条生根的难易上，不同科、属、种，甚至品种间都会存在差别。

　　② 母体状况与采集部位。营养良好、生长正常的母株，体内含有丰富的促进生根物质，是插条生根的重要物质基础。不同营养器官的生根、出芽能力不同。

　　2）扦插的环境条件。

　　① 基质。理想扦插基质是排水、通气良好，又能保温，不带病、虫、杂草及任何有害物质。常用于扦插的基质主要有河砂、蛭石、珍珠岩、草木灰、砻糠灰等。人工混合基质常优于土壤，可按不同花卉的特性而配备。

　　② 水分与湿度。基质需保持一定的含水量，插条生根前要一直保持高的空气湿度，尤其是带叶的插条，短时间的萎蔫就会延迟生根，干燥使叶片凋枯或脱落，使生根失败。

　　③ 温度。一般花卉插条生根的适宜温度，气温白天为 18～27℃，夜间为 15℃ 左右。土温应比气温高 3℃ 左右。

　　④ 光照强度。研究表明，许多花卉如大丽花、木槿属、锦带花属、荚蒾属、连翘属，在较低光照下生根较好，但许多草本花卉，如菊花、天竺葵及一品红，适当的强光照生根较好。但在较强光照时，必须保证适宜的空气湿度。

（3）扦插繁殖技术　依插穗的器官来源不同，扦插繁殖可分为叶插、芽插、根插和茎（枝）插等。

1）叶插，均用生长成熟的叶。应用范围：用于能自叶上发生不定芽和不定根的种类。能叶插的花卉，多具有粗壮的叶柄、叶脉或肥厚之叶片。

① 全叶插：用完整叶片为插穗，多用于叶片肥厚的花卉。

a. 平置法：将叶平置于基质表面，如落地生根等，如图4-10～图4-12所示。

b. 直插法（叶柄插）：有较长叶柄，将基部埋入土中，又叫叶柄插法。如非洲紫罗兰（图4-13）、耐寒苣苔（图4-14）、豆瓣绿（图4-15）、非洲堇（图4-16）等。

图4-10　全叶插平置法（一）

图4-11　全叶插平置法（二）

图4-12　全叶插平置法（三）

图4-13　非洲紫罗兰全叶插（直插法）

图4-14　耐寒苣苔全叶插（直插法）

图4-15　豆瓣绿全叶插（直插法）

② 片叶插：将一个叶片分切为数块，分别进行扦插，使每块叶片上形成不定芽。有切段叶插如虎尾兰（图4-17）；刻伤与切块叶插如秋海棠、大岩桐。

图 4-16 非洲堇全叶插（直插法）

图 4-17 虎尾兰切段叶插

2）芽插，即使用芽作插穗的扦插方法。取 2cm 长、枝上有较成熟的芽（带叶片）的枝条作插穗，芽的对面略剥去皮层，将插穗的枝条露出基质面，可在茎部表皮破损处愈合生根，腋芽萌发成为新植株，如橡皮树、天竺葵、月季（图 4-18、图 4-19）等。

图 4-18 月季芽

图 4-19 月季芽生根

3）根插，有些宿根花卉能从根上产生不定芽形成幼株，可用根插。一般该花卉具有粗壮的根，粗度不应小于 2mm，同种花卉，较粗、较长的含营养物质多，易成活。可在晚秋和早春进行根插。冬季也可在温室或温床中扦插。如多肉植物（图 4-20）、秋牡丹、芍药（图 4-21）等。

图 4-20 多肉植物根插

图 4-21 芍药根插

4）茎（枝）插。

① 硬枝扦插，又称老枝扦插，多用于落叶木本花卉。时间多在秋冬落叶后至翌年早春萌芽前的休眠期进行，如紫薇（图 4-22）、玫瑰（图 4-23）等。

方法选择一、二年生生长充分的木质化枝条，带 3～4 个芽，将枝条截成 10～15cm 长的插穗。上端切口距离芽 1～2cm，切口呈斜面。下端切口应在近节处，切口呈斜面。插前先用木棍或竹签在基质上扎孔，以免损伤插穗基部剪口表面。

深度为插穗长度的 1/3 ～ 1/2，直插或斜插。南方多在秋季扦插，有利于促进早生根发芽；北方地区冬季寒冷，应在阳畦内扦插，或将插穗储藏至翌年春季扦插。

储藏冬藏采用挖深沟湿砂层积的方法，量少也可用木箱室内冷晾处沙藏。有些难于扦插成活的花卉可采用带踵插、锤形插、泥球插等。

图 4-22　紫薇硬枝扦插

图 4-23　玫瑰硬枝扦插

② 半硬枝扦插又称半软材扦插、绿枝插。插穗成熟度介于软枝与硬枝之间。

取当年较成熟的枝条（如果太嫩，可剪去顶端），留两三个叶片，去掉其余的叶片，穗长约 10cm，插入基质的深度为插穗的 1/3 ～ 1/2。此方法适用于大多数常绿或半常绿木本花卉，如米兰、栀子、杜鹃、月季花、海桐、黄杨、茉莉、山茶和桂花等的繁殖。

③ 软枝扦插又称嫩枝扦插，多用于草本花卉和常绿木本花卉，在生长旺盛季节进行此扦插。

插穗选取当年生长发育充实的嫩枝或木本花卉的半木质化枝条，长 5 ～ 6cm，保留上端两三片叶，将下部叶片从叶柄基部全部剪掉。如果上部保留的叶片过大，如扶桑、一品红等，可剪去 1/3 ～ 1/2。下端剪口在节下 2 ～ 3mm 处。扦插深度为插穗长度的 1/3 ～ 1/2。在扦插前，先用比插穗稍粗的竹签在基质上扎孔，然后将插穗顺孔插入，以免损伤插穗基部的剪口。插完一组后，即用细眼喷壶洒一次水，使基质与插穗密接，并遮荫网遮荫。如用盆扦插，应放置在通风庇荫处，插完后盖上塑料薄膜，每天中午打开一角略加通风。

木本花卉如木兰属、蔷薇属、绣线菊属、火棘属、连翘属和夹竹桃等，草本花卉如菊花（图 4-24）、天竹葵属、大丽菊、丝石竹、矮牵牛、香石竹、秋海棠等，均可用此法进行。

（4）扦插后的管理

1）插床温度。扦插后，生根前主要是保湿保温。温度主要是基质温度，基质温度对促进插穗生根具有很大的作用。不同种类要求不同的扦插温度，软枝扦插、叶插的适宜温度为 20 ～ 25℃；硬枝扦插、芽插的适宜温度为 22 ～ 28℃，低于 20℃插穗不易生根，高于 28℃也会影响根的形成。北方的硬枝插穗，可采用阳畦覆盖塑料薄膜再加草帘的办法保温，白天揭帘增温，夜间盖帘保温。南方多采用搭棚来保温保湿。

图 4-24　菊花软枝扦插

2）插床湿度。扦插后，要切实保持插床内基质和周围空气的湿润状态。插床周围的空气相对湿度以近于饱和为宜，即覆盖的塑料薄膜上有凝聚的小水珠为适；未覆盖塑料薄膜的插床，其周围的空气相对温度也应达到 80% ～ 90%。插床基质的温度则不宜过大，否则会引起插穗腐烂。一般插床基质温度约为最大持水量的 60% ，以用手捏基质不散，但又不积聚成团为宜。

3）插床光照。在常规扦插初期，要在插床上方搭棚遮荫，遮荫度以 70% 为宜。因初期强烈的日光会使插穗失水而影响成活，当插穗生根后，则可于早晚逐渐加强透光、通风，以增强插穗本身的光合作用，促进根系进一步生长。

4）促进扦插生根的方法。物理处理方法：①环剥：用于较难生根的木本植物。取插穗前，先环剥插穗的剥枝条，使养分积累于插穗的上端，再在环剥处剪切插穗进行扦插，易成活。②软化处理：用于一部分木本植物。在插穗剪切前，先在剪取部分进行遮光处理，使之变白软化，再自遮光部分剪下扦插。③增高底温：底温高，促进生根，气温低抑制枝条的生长，利于成活。④喷雾处理：提高空气湿度，利于成活。药剂处理法：a. 植物生长素处理：用于茎插，如吲哚乙酸、吲哚丁酸和萘乙酸等，可粉剂处理或液剂处理；b. 高锰酸钾：用于多数木本植物。

2. 嫁接繁殖

嫁接繁殖是花卉营养繁殖方式之一，是指将一种花卉植物的枝或芽移接到另一种植株根、茎上，使之长成新的植株的繁殖方法。

用于嫁接的枝条称接穗，嫁接的芽称接芽，承受接穗的植株称砧木，成活后的苗称嫁接苗。嫁接繁殖的特点是：保持品种的优良性状；增加品种抗性，提高适应能力；提早开花结果；改变原生产株形；但繁殖量少，操作繁琐技术难度大。常用于木本花卉。因砧木和接穗的取材不同，嫁接方式可分为枝接、芽接以及根接等。

（1）嫁接的原理与作用 嫁接的过程实际上是砧木与接穗切口相愈合的过程。愈合发生在新的分生组织或恢复分生的薄壁组织的细胞间，通过彼此间连合完成。因此，形成层区及其相邻的木质部、韧皮部、射线薄壁细胞是新细胞的来源，嫁接时必须尽可能使砧木与接穗的形成层有较大的接触面并且紧密贴合。

嫁接口的愈合通常分为愈伤组织的产生、形成层的产生和新维管束组织产生三个阶段。

（2）影响嫁接成功的因素

1）花卉植株的内在因素。

① 砧穗间的亲缘关系。一般而言，关系越近，成活的可能性越大。

② 嫁接的亲和性。嫁接成活的难易和嫁接苗生长的好坏程度与砧穗间的亲和性有关。

③ 砧木与接穗的生长发育状态。生长健壮、营养良好的砧木与接穗中含有丰富的营养物质和激素，有助于细胞旺盛分裂，成活率高。

2）环境因素。

① 温度。多数花卉生长最适温度为 12～32℃ ，也是嫁接适宜的温度。

② 湿度。在嫁接愈合的全过程中，保持嫁接口的高湿度是非常必要的。因为愈伤组织内的薄壁细胞胞壁薄而柔嫩，不耐干燥。嫁接中常用涂蜡、保湿材料如泥炭藓包裹等提高湿度。

③ 氧气。生产上常用透气保湿聚乙烯膜包裹嫁接口和接穗，是较为方便、合适的材料与方法。

（3）嫁接方法与技术 嫁接方式与方法多种多样，因花卉种类、砧木接穗状况不同而异。依砧木和接穗的来源性质不同可分为枝接、芽接、根接、靠接和插条接等多种。依嫁接口的部位不同又可分为根颈接、高接和桥接等几种。

1）枝接。枝接是用一段完整的枝作接穗嫁接于带有根的砧木茎上的方法。常用的方法有：

① 切接。操作简易，普遍用于各种花卉，适于砧木较接穗粗的情况，根颈接、靠接、高接均可。先将砧木去顶、削平，自一侧的形成层处由上向下做一个长 3～5cm 的切口，使木质部、形成层及韧皮部均露出。接穗的一侧也削成同样等长的平面，另一侧基部削成短斜面。将接穗长面一侧的形成层对准砧木一侧的形成层，再扎紧密封（图 4-25）。高接时可在一枝砧木上同时接 2～4 枝接穗，既增加成活率，也使大断面更快愈合。

園林花卉栽培与养护

② 劈接。适于砧木粗大或高接。砧木去顶，过中心或偏一侧劈开一个长 5~8cm 的切口。接穗长 8~10cm，将基部两侧略带木质部削成长 4~6cm 的楔形斜面。将接穗外侧的形成层与砧木一侧的形成层相对插入砧木中。高接的粗大砧木在劈口的两侧宜均插上接穗。劈接应在砧木发芽前进行，旺盛生长的砧木韧皮部与木质部易分离，使操作不便，也不易愈合。劈接的缺点有：伤口大，愈合慢，切面难于完全吻合。

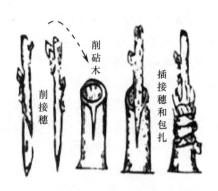

图 4-25　切接

2）芽接。芽接与枝接的区别是接穗为带一芽的茎片，或仅为一片不带或带有木质部的树皮，常用于较细的砧木上（图 4-26）。芽接具有以下优点：接穗用量省；操作快速简便；嫁接适期长，可补接；接合口牢固等。芽接都在生长季节进行，从春到秋都可以，因此应用广泛。

依砧木的切口和接穗是否带木质部有两类不同的芽接方法：盾形芽接和贴皮芽接。

① 盾形芽接：是将接穗削成带有少量木质部的盾状芽片，再接于砧木的各式切口上的方法，适用树皮较薄和砧木较细的情况（图 4-27）。依砧木的切口不同常用的方法有 T 形芽接倒 T 形芽接和嵌芽接。T 形芽接是最常用的方法。在砧木适当部位切一个深入木质部的 T 形切口，并将切口两旁的树皮与木质部剥离。作接穗的芽为长约 2cm、带一个侧芽和少量木质部的盾形小片，将其插入砧木切口后用薄膜封扎。倒 T 形芽接的砧木切口为"⊥"形，故称为倒 T 形芽接。嵌芽接是将砧木从上向下削开长约 3cm 的切口，然后将芽嵌入。

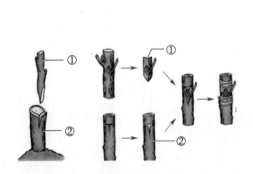

图 4-26　芽接（①接穗；②砧木）

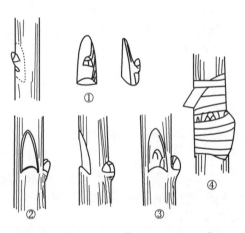

图 4-27　盾形芽接（①削接芽；②削砧木接口；③接合；④绑缚）

② 贴皮芽接：接穗为不带木质部的小片树皮，将其贴嵌在砧木去皮部位的方法。适用于树皮较厚或砧木太粗，不便于盾形芽接的情况，也适于含单宁多和含乳汁的植物。在剥取接穗芽时，要注意将切面内与芽相连处的很少一点维管组织保留在芽片上，使芽片与砧木贴合。

贴皮芽接常用的方法有补皮芽接、I 形芽接和环形芽接几种。补皮芽接是先在砧木上取下一块长方形的树皮，再将从接穗上取下的形状与大小相同的树皮补贴于砧木的去皮部位。操作时可将两把刀刃按需要距离固定，一次可做出两条平行切口，即易于取得等形的接穗和砧木切口。I 形芽接的砧木切口是与接穗芽片等长的 I 形切口。操作时将 I 形切口两旁的树皮剥离，再将芽片嵌入，I 形芽接适于砧木树皮厚于接穗树皮的情况。环形芽接则是在砧木和接穗上取等高的一圈树皮，接穗的树皮在与相对一方剖开，再套于砧木切口上，适于砧穗等粗的情况。

3）髓心接：接穗和砧木以髓心愈合而成一新植株的嫁接方法。一般用于仙人掌类花卉。在温室内一年四季均可进行。

44

① 仙人球嫁接。先将仙人球砧木上面切平，外缘削去一圈皮肉，平展露出仙人球的髓心（图4-28）。再将另一个仙人球基部也削成一个平面，然后砧木和接穗平面切口对接在一起，中间髓心对齐，最后用细绳连盆一块绑扎固定，置于半阴干燥处，一周内不浇水。保持一定的空气湿度，防止伤口干燥。待成活拆去扎线，拆线后一周可移到阳光下进行正常管理。

② 蟹爪兰嫁接。以仙人掌为砧木，蟹爪兰为接穗的髓心嫁接。将培养好的仙人掌上部削平1cm，露出髓心部分。蟹爪兰接穗要采集生长成熟、色泽鲜绿肥厚的2~3节分枝，在基

图4-28 仙人球髓心接

部1cm处两侧都削去外皮，露出髓心。在肥厚的仙人掌切面的髓心左右切一刀，再将插穗插入砧木髓心挤紧，用仙人掌针刺将髓心穿透固定。髓心切口处用溶解蜡封平，避免水分进入切口。一周内不浇水。保持一定的空气湿度，使蟹爪兰嫁接成活（图4-29）。

4）根接。以根为砧木的嫁接方法称为根接。肉质根的花卉用此方法嫁接。牡丹根接，在秋天温室内进行。以牡丹枝为接穗，芍药根为砧木，按劈接的方法将两者嫁接成一株，嫁接处扎紧放入湿沙堆埋住，露出接穗接受光照，保持空气湿度，30d成活后即可移栽（图4-30）。

图4-29 蟹爪兰嫁接

图4-30 牡丹根接

（4）嫁接后的管理

1）各种嫁接方法嫁接后都要对温度、空气湿度、光照、水分等环境条件进行正常管理，不能忽视某一方面，特别是接口处要有较高的相对湿度。为此除用塑料薄膜条在接口包扎保湿外，还可以用埋细土的方法覆盖接口，在休眠期嫁接，可采用此法。也可在嫁接部位罩塑料袋或搭小塑料棚，以保持相对湿度，提高土温，促进愈合。气温升高后除去覆盖物，以免芽萌动不能及时见光或见光不足而黄弱不良，以保证花卉嫁接的成活率。

2）嫁接后要及时地检查成活程度，如果没有嫁接成活，应及时补接。

3）嫁接成活后要适时解除塑料薄膜条带等绑扎物。除去绑扎不可过早过晚，过早愈合不牢，过晚接口生长受阻，不利于今后的生长。芽接一般在嫁接成活后20~30d可除绑；枝接一般在接穗上新芽长至2~3cm时，才可全部解绑。

4）为保证营养能集中供应给接穗，应及时剥除砧木上萌芽，可多次进行，根蘖由基部剪除。

3. 分生繁殖

分生繁殖是利用植株基部或根上产生萌蘖的特性，人为地将植株营养器官的一部分与母株分离或切割，另行栽植和培养而形成独立生活的新植株的繁殖方法。优点是新植株能保持母本的遗传性状，方法简便，易于成活，成苗较快；缺点是繁殖量小，生产数量有限，不能满足大规模栽培的需要。分生繁殖常应用于多年生草本花卉及某些木本花卉。依植株营养体的变异类型和来源不同分为分株繁殖和分球繁

殖两种。

（1）分株繁殖　分株繁殖是将花卉带根的株丛分割成多株的繁殖方法。多在秋季落叶后至翌年早春萌芽前的休眠期进行。分株繁殖分为四类：

1）丛生及萌蘖类分株。不论是分离母株根际的萌蘖，还是将成株花卉分劈成数株，分出的植株必须是具有根茎的完整植株，如虎皮兰（图4-31）、吊兰（图4-32）、铁皮石斛（图4-33）等。将牡丹、腊梅、玫瑰、中国兰花等丛生性和萌蘖性的花卉，挖起植株酌量分丛；蔷薇、凌霄、金银花等，则从母株旁分割，带根枝条即可。

图4-31　虎皮兰

2）宿根类分株。对于宿根类草本花卉，如鸢尾、玉簪、菊花等，地栽3～4年后，株丛过大，需要分割株丛，重新栽植。通常可在春、秋两季进行，分株时先将整个株丛挖起，抖掉泥土，在易于分开处用刀分割，分成数丛，每丛3～5个芽，以利分栽后能迅速形成丰满株丛。

3）块根类分株。对于一些具有肥大的肉质块根的花卉，如大丽花、马蹄莲等所进行的分株繁殖为块根类分株。这类花卉常在根颈的顶端长有许多新芽，分株时将块根挖出，抖掉泥土，稍晾干后，用刀将带芽的块根分割，每株留3～5个芽，分割后的切口可用草木灰或硫磺粉涂抹，以防病菌感染，然后栽植。

4）根茎类分株。对于美人蕉等有肥大的地下茎的花卉，分株时分割其地下茎即可成株。因其生长点在每块茎的顶部，分茎时每块都必须带有顶芽，才能长出新植株，分割的每株留2～4个芽即可。

图4-32　吊兰

图4-33　铁皮石斛

（2）分球繁殖　分球繁殖是指用球根花卉地下部分分生出的子球进行分栽的繁殖方法。根据种类不同，可分为球茎类繁殖和鳞茎类繁殖。

1）球茎类繁殖。球茎为基部膨大的地下变态茎，短缩肥厚呈球形，为植物的储藏营养器官。球茎上有节、退化叶片和侧芽。老球茎萌发后在基部形成新球，新球旁再形成子球。新球、子球、母球都可作为繁殖体另行种植，也可带芽切割繁殖。

2）鳞茎类繁殖。鳞茎由一个短的肉质的直立茎轴（鳞茎盘）组成，茎轴顶端为生长点或花原基，四周被厚的肉质鳞片所包裹。鳞茎由小鳞片组成，鳞茎中心的营养分生组织在鳞片腋部发育，产生小鳞茎。鳞茎、小鳞茎、鳞片都可以作为繁殖材料。郁金香、水仙常用小鳞茎繁殖。百合常用小鳞茎和珠芽繁殖，也可用鳞片叶繁殖。

（3）花卉分株繁殖的管理　丛生型及萌蘖类的木本花卉，分栽时穴内可施用腐熟的肥料。通常分株繁殖上盆浇水后，先放在荫棚或温室蔽光处养护一段时间，如出现凋萎现象，应向叶面和周围喷水来增加湿度。北方地区在秋季分栽，入冬前宜短截修剪后埋土防寒越冬。如春季萌动前分栽，则适当修剪，使其正常萌发、抽枝，但花蕾最好全部剪掉，不使开花，以利植株尽快恢复长势。

对一些宿根性草本花卉以及球茎、块茎、根茎类花卉，在分栽时穴底可施用适量基肥，基肥种类以含较多磷、钾肥的为宜。栽后及时浇透水、松土，保持土壤适当湿润。对秋季移栽种植的种类浇水不要过多，来年春季增加浇水次数，并追施稀薄液肥。

4. 压条繁殖

压条繁殖是枝条在母体上生根后，再和母体分离成独立新株的繁殖方式。

某些花卉，如令箭荷花属、悬钩子属的一些种，枝条弯垂，先端与土壤接触后可生根并长出小植株，是自然的压条繁殖，栽培上称为顶端压条。压条繁殖操作繁琐，繁殖系数低，成苗规格不一，难大量生产，但成活率高，故多用于扦插、嫁接不易的植物，有时用于一些名贵或稀有种类或品种上，可保证成活并能获得大苗。

（1）压条繁殖的原理　压条繁殖的原理和枝插相似，只需在茎上产生不定根即可成苗。不定根的产生原理、部位、难易等均与扦插相同，和花卉种类有密切关系。

（2）压条繁殖的方法　压条繁殖通常在早春发芽前进行，经过一个旺盛生长季节即可生根，但也可在生长期进行。方法较简单，只需将枝条埋入土中部分环割 1~3cm 宽，在伤口涂上生根粉后再埋入基质中使其生根。常用的方法有下列几种：

1）普通压条。选用靠近地面而向外伸展的枝条，先进行扭伤或刻伤或环剥处理后，弯入土中，使枝条端部露出地面。为防止枝条弹出，可在枝条下弯部分插入小木叉等固定，再盖土压实，生根后切割分离。石榴、玫瑰等可用此法。

2）波状压条。波状压条也叫多段压条，适用于枝梢细长柔软的灌木或藤本。将藤蔓做弯曲状，一段埋入土中，另一段露出土面，如此反复多次，一根枝梢一次可取得几株压条苗，如紫藤、铁线莲属可用。

3）壅土压条。壅土压条是将较幼龄母株在春季发芽前近地表处截头，促生多数萌枝。在萌枝长度 10cm 左右时将基部刻伤，并培土将基部 1/2 埋入土中，生长期中可再培土 1~2次，培土深度 15~20cm，以免基部露出。至休眠分出后，母株在次年春季又可再生萌枝，可供继续压条繁殖，如贴梗海棠、日本木瓜等常用此法繁殖。

4）高枝压条。高枝压条始于我国，故又称中国压条，适用于大树及不易弯曲埋土的情况。先在母株上选好枝梢，将基部环割并用生根粉处理，用水藓或其他保湿基质包裹，外用聚乙烯膜包扎，两端扎紧即可（图4-34）。一般植物 2~3 个月后生根，最好在进入休眠后剪下。

图4-34　高枝压条

（3）压条繁殖后的管理　压条生根后切离母体的时间，依其生根快慢而定。有些种类生长较慢，需翌年切离，如牡丹、腊梅、桂花等；有些种类生长较快，当年即可切离，如月季、忍冬等。切离之后即可分株栽植，移栽时尽量带土栽植，并注意保护新根。

压条时由于枝条不脱离母体，因而管理比较容易，只需检查压紧与否。而分离后必然会有一个转变、适应、独立的过程。所以开始分离后要先放在庇荫的环境，切忌烈日曝晒，以后逐步增加光照。刚分离的植株，也要剪去一部分枝叶，以减少蒸腾，保持水分平衡，有利其成活。移栽后注意水分供应，空气干燥时注意叶面喷水及室内洒水，并注意保持土壤湿润。适当施肥，保证生长需要。

5. 组织培养快速繁殖

组织培养快速繁殖是指在无菌条件下，采用人工培养基及人工培养条件，对植物体离体器官、组织或细胞诱导分化，使其增殖、生长、发育而形成完整植株的繁殖方法（图4-35），简称组培或组培繁殖。

获得的无菌苗叫试管苗。

（1）组织培养的原理及意义 植物组织培养快速繁殖（以下简称组织快繁）是根据植物细胞具有全能性的理论基础发展起来的一项新技术。植物体上每个具有细胞核的细胞，都具有该植物的全部遗传信息和产生完整植株的能力。植物组培快繁具有以下几方面的意义：

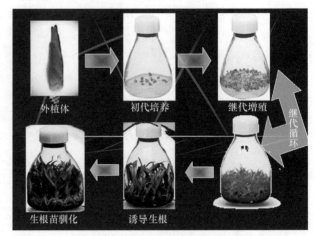

图4-35 组织培养快速繁殖

1）快速、大量繁殖优良植株。组织培养与传统的无性繁殖相比，工作不受季节限制，而且经过组织培养进行无性繁殖，具有用材少、速度快等特点。能在短时间内获得大量整齐一致的植株。

2）在花卉育种上的利用。在花卉育种上，主要在胚胎培养、单倍体育种、体细胞杂交和基因工程等方面应用较多。通过组织培养，可缩短育种年限和世代，也有利于基因突变中隐性突变的分离。

3）花卉的提纯复壮。运用组织培养，苗木的复壮过程很明显，对于长期运用无性方法繁殖并开始退化的花卉种类，如康乃馨采用组织培养方法繁殖，可使个体发育向年轻阶段转化。

4）获得无病毒植株。一些用无性繁殖方法来繁衍的花卉种类，如康乃馨、菊花、郁金香、水仙、百合、鸢尾等，易导致病毒积累，影响花卉的观赏效果。而植物在茎尖生长点区几乎不含病毒，可用茎尖培养来获得无病毒植株。

5）种质资源的保存。很多无性繁殖的植物因没有种子供长期保存，其种质资源传统上只能在田间种植保存，耗费人力物力，且资源易受人为因素和环境因素而丢失。而用组培方法，可节省人力、物力，延长保存期。

（2）组培快繁实验室 组培快繁过程是在实验室内进行，实验室根据应用范围和要求分为准备室、无菌操作室和试管苗培养室。

1）组织培养准备室。

① 化学试验室：用于化学药品的称量和溶液的配制。房间内设置工作台，台面放置天平称取大量元素和微量元素。房间内应配置药品柜、冷藏箱和器械柜，放置常用的容量瓶、试剂瓶、移液管、量筒、量杯、标签纸等。化学实验室是配制大量元素和微量元素、铁盐、有机物、培养基溶液的场所，需要安静、清洁无灰尘，确保溶液的准确性和安全性。

② 清洗室：主要用于洗刷工作，同时要配置洗涮水槽。如大批量生产可安装自动洗瓶机，清洗室也可与化学实验室合并。

③ 灭菌室：主要用于培养基的消毒灭菌工作，应配有高压灭菌锅等。

2）无菌操作室。无菌操作室也称为无菌接种室（图4-36）。主要用于材料的消毒接种和试管苗的继代转苗。应配置超净工作台，用于无菌接种和试管苗转移。配置灭菌培养基架放置灭菌培养基。室温保持在（25±2）℃，在屋顶适当的位置吊装紫外灯。在进入无菌操作室前需换鞋更衣，降低污染，确保无菌。

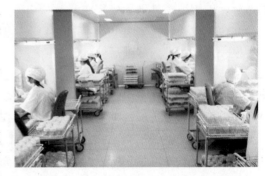

图4-36 无菌操作间

3）试管苗培养室。试管苗培养室主要用于花卉植物材料接种后培养、试管苗继代培养与生根培养。主要有培养架控温、控光设备等。培养架可分4～5层，上面安装30～40W日光灯照明，每天照明10～16h，用自动定时器控制，温度保持在（25±2）℃。此外还可根据需要安置液体培养所需的摇床、转床等。

（3）常用仪器、设备和药品

1）天平。天平主要用于试剂的称量。要具备不同称量感量的天平。

2）冰箱。冰箱主要用于低温保存，温度保持在4～20℃。

3）干燥箱。干燥箱主要用于玻璃器皿、小型金属接种工具的干燥灭菌。

4）振荡器和旋转摇床。振荡器和旋转摇床用于液体培养。

5）空调机。空调机用于调节室内温度。

6）灭菌锅。高压灭菌锅一般是电加温，清洁、安全、效率高。工厂化生产需要适合的大型灭菌锅，周转快，成本低。

7）超净工作台。超净工作台主要用于无菌操作室内接种和试管苗继代转接无菌操作装置（图4-37）。超净工作台有单人操作、双人操作、水平风、垂直风等多种规格，操作无菌效果好、使用方便、便于操作。超净工作台是通过风机交流，将空气经微生物过滤器而达到无菌台面，使用时间长会引起堵塞，影响过滤效果。一般使用六个月左右需更换过滤器，确保超净无菌的效果。

8）药品。组织培养所需药品主要用于培养基的配制，即构成培养基的成分，主要有以下几类：

① 消毒药品。消毒药品主要有氯化汞（升汞）、次氯酸钠、双氧水、漂白精片等。

② 无机盐类。无机盐类包括大量元素和微量元素两类。主要的盐类有 KNO_3、$MgSO_4 \cdot 7H_2O$、NH_4NO_3、KH_2PO_4、$CaCl_2 \cdot 2H_2O$、$Fe_2(SO_4)_3$、Na_2HPO_4、$CuSO_4$、$NaNO_3$、Na_2SO_4、$ZnSO_4$、$MnSO_4 \cdot 4H_2O$、$MnCl_2 \cdot 2H_2O$、KI、H_3BO_3 等。无机盐是供外植体吸收的基本营养成分。

③ 有机化合物。有机化合物主要有蔗糖、维生素类、氨基酸等。其中蔗糖是不可缺少的碳源，也是渗透压调节物质。

图4-37　超净工作台

④ 植物生长调节剂。用于组织培养的主要有生长素、细胞分裂素及赤霉素三大类。常用生长素和细胞分裂素有：①生长素：萘乙酸（NAA）、吲哚乙酸（IAA）、吲哚丁酸（IBA）、2,4-二氯苯氧乙酸（2,4-D）等。生长素的主要作用是促进器官再分化而产生不定根、不定芽，促进植株的生长。②细胞分裂素：常用的有 6-苄基嘌呤（6-BA）、激动素（KT）、玉米素（ZT）等。细胞分裂素主要作用是促进细胞分裂和脱分化，延迟组织的衰老并增强蛋白质的合成，还能显著地改变其他激素的作用。

植物激素对于组织培养的成功至关重要。接种的外植体的诱导、分化均取决于所加激素的种类、数量及比例。一般生长素类包括吲哚乙酸（IAA）、吲哚丁酸（IBA）、萘乙酸（NAA）、2,4-二氯苯氧乙酸（2,4-D）等；细胞分裂素类包括激动素（Kinetin）、6-苄基氨基嘌呤（BA）。

⑤ 有机附加物。有机附加物包括人工合成和天然的有机物，常用的有酵母提取物、椰乳、果汁等及相应的植物组织浸出液，对细胞和组织的增殖和分化有促进作用。

⑥ 水。培养基用水要使用蒸馏水。

⑦ 琼脂。琼脂在组培中作为凝固剂，是外植体的支持体，培养基的用量一般为6～8g/L，凝固效果适宜。

（4）培养器皿及用具

1）玻璃器皿。玻璃器皿要求由碱性溶解度小的优质硬质玻璃制成，且能耐高压灭菌。

① 三角烧瓶：用于外植体静置培养、振荡培养、试管苗继代培养。

② 果酱瓶和塑料瓶：用于继代和生根培养。

③ 其他。如量筒、量杯、移液管、烧杯、试剂瓶、容量瓶等，用于溶解试剂和配置培养基。

2）金属器械：主要用于接种、剥离茎尖、继代切断等技术操作。

① 镊子：常用小型尖头镊子和18～22cm枪形镊子。

② 剪刀：常用眼科解剖剪刀、弯头剪刀。

③ 解剖刀：常用的有长柄和短柄两种，刀片随时更换。

④ 接种针：常用不锈钢针。

⑤ 切割盘：常用不锈钢盘或搪瓷盘，容易消毒灭菌。

（5）培养基的配制

1）母液的配制与保存（图4-38）。组培的花卉不同，需要配制的培养基也不同。为减少工作量，可把药品配成浓缩液，一般为10～100倍，其中大量元素倍数略低，一般为10～20倍，微量元素和有机成分等一般为50～100倍。以MS培养基为例，配制各种母液和1L培养基所需各种母液的吸取量。

① 大量元素母液配制。配成扩大10倍液，用感量0.01g的天平称取。分别溶解后顺次混合，Ca^{2+}和PO_4^{3-}一起溶解易发生沉淀。一般先将前4种药物溶解混合后，加水至一定量，再加入氯化钙（$CaCl_2 \cdot 2H_2O$）溶液，最后定容至1000mL。

② 微量元素母液配制。配成扩大100倍液，用感量分度值0.0001g的电光分析天平称取，分别溶解，混合后加水定容至1000mL。

③ 铁盐母液。扩大10倍液，用感量0.01g的天平称取，分别溶解后，混合加水定容至1000mL。

图4-38　母液配制

④ 有机物母液配制。配成扩大100倍液，用感量0.001g的分析天平称取，分别溶解，混合后加水定容至1000mL。

⑤ 植物激素的配制。将植物激素配制成0.1～0.5mg/L的溶液，由于多数植物激素难溶于水，可采取以下方法配制：将NAA、IAA、IBA称取量，先溶于少量95%酒精中，再加温水定容至一定浓度；将6-BA、KT、ZT称取量，先溶于1mol/L的盐酸中，再加水定容至一定浓度；2,4-D不溶于水，可用1mol/L的NaOH溶解后，再加水定容至一定浓度。

2）母液的配制及保存应注意的事项。

① 药品称量应准确，尤其微量元素化合物应精确到0.0001g，大量元素可精确到0.01g。

② 配制母液的浓度应适当，倍数不宜过大。一是长时间保存后易沉淀；二是浓度大，用量少，在配制培养基时易影响精确度。

③ 母液储藏不宜过长，一般几个月左右，在配好的母液容器上分别贴上标签，注明配制时间和浓度，以便定期检查，如出现浑浊、沉淀及霉菌等现象，就不能使用。

④ 母液应在2～4℃的冰箱中保存。

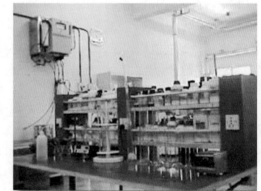

图4-39　培养基配制

3）培养基的配制（图4-39）。

① 将用于配制培养基的容器洗净，加入培养基总量3/4的蒸馏水，放入所需的琼脂和糖，然后加热溶解。在加热过程中应注意不断搅拌，以避免琼脂粘锅或溢出。

② 待琼脂和糖溶解后，加入各储备液以及所需的植物激素。如添加其他物质，也应于此时一并加入。

③ 用蒸馏水定容补充由于加热蒸发所损失的体积。

④ 用1mol/L的NaOH（或KOH）或HCl调整pH。

⑤ 通过漏斗或下口杯将培养基注入三角瓶或试管内，注入量为瓶容积的1/30，灌装动作要迅速，且尽可能避免培养基粘在瓶壁上。应在培养基未冷却前灌装完毕。

⑥ 用棉塞或塑料袋封口，将瓶口或试管口封严。

⑦ 将封装好的三角瓶或试管码放在高压灭菌锅内，于 1.216×104Pa 压力、121℃下灭菌 20min。如使用小型手提式灭菌锅，一定要注意加热后，当锅内压力上升时，先反复放气数次，将锅内空气排尽以后，再计算时间，否则达不到高压灭菌的效果。

⑧ 对于一些受热易于分解的物质，如维生素类，可采取先过滤灭菌的方法。待培养基灭菌后，尚未冷却之前（40℃左右），加入并摇匀。

经过高压灭菌的培养基可在室温下存放 3~5d，或在冰箱内存放 10d 左右。一般尽可能在短时间内用完。

4）配制培养基、分装培养基与蒸汽灭菌培养基应注意以下事项。

① 配制培养基一定要按母液顺序依次加入，如果顺序错位易出现其他反应，药剂失效。

② 熬制培养基过程中，先放入难溶解的琼脂和附加物（马铃薯、苹果、番茄），最后加入药剂混合液，因为混合液中的有机物遇热时间长易分解失效。

③ 培养基配制混合后，要测试 pH，用 NaOH（或 KOH）或 HCl 调节到植物组培最合适的范围。大多数植物 pH 为 5.8~6.5。

④ 分装培养基时注意不能将培养基溶液喷洒到瓶壁上，否则容易落菌污染。

⑤ 分装扎瓶口时，封口膜不宜过紧，否则消毒气压大易爆破。

⑥ 培养基消毒灭菌需按要求时间操作，如超过时间，培养基成分产生变化易失效。

⑦ 培养基消毒灭菌后，立即取出摆平冷却，瓶内凝固平坦，接种转苗操作方便。取出过晚，凝固差，影响接种转苗质量。

（6）组织培养的方法和程序

1）外植体的选择与消毒。从田间采回的准备接种的材料称为外植体。对外植体的选择与消毒，是组培成功与否的重要环节。组织培养所选用的外植体，一般取花卉的茎尖（图4-40、图4-41）、侧芽、叶片、叶柄、花瓣、花萼、胚轴、鳞茎、根茎、花粉粒、花药等器官。到田间取材时，一般应准备塑料袋、锋利的刀剪、标签、笔等。取材时间应选择在晴天上午10时以后，阴雨天不宜。同时，应尽量选择离开表土、老嫩适中的材料，要从健壮无病的植株上选取外植体。

外植体的消毒包括预处理和接种前的消毒。方法是：先对外植体进行初步加工，去掉多余的部分，并用软刷清除表面泥土、灰尘。然后将材料剪成小块或段（图4-42），放入烧杯中，用干净纱布将杯口封住扎紧，将烧杯置于水龙头下，让流水通过纱布，冲洗杯中的材料，连续冲洗2h以上。比较难以把握的是接种前的消毒，既要选择合适的消毒剂和浓度，又要掌握好消毒时间；既要彻底杀灭材料所携带的微生物，又不能将活材料杀死。通常的做法是，先用70%~75%的酒精浸泡材料30s，然后再用下面三种方法之一处理。

图4-40 兰花嫩茎

图4-41 兰花茎尖

图4-42 修剪外植体

① 饱和漂白粉上清液浸泡 10～30min，取出后用无菌水冲洗三次。

② 用 3%～10% 次氯酸钠浸泡 10～30min，取出后用无菌水冲洗三次。

③ 用 0.1% 升汞（氯化汞）浸泡 3～10min，取出后用无菌水反复冲洗多遍（因升汞不易洗净，故需反复冲洗。升汞剧毒，冲洗液注意回收）。

2）接种（图 4-43、图 4-44）。

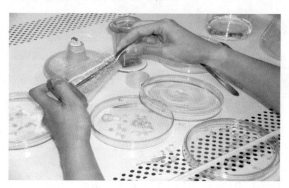 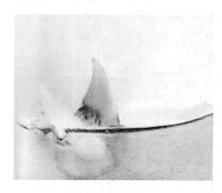

图 4-43　接种（一）　　　　　　　　　　图 4-44　接种（二）

接种是组织培养过程中最后一个易于污染的环节。接种操作必须在无菌条件下进行，操作要领如下：

① 每次接种或继代繁殖前，应提前 30min 打开接种室顶部或超净工作台上的紫外线灯，照射 20min。然后打开超净工作台风机，吹净 10min。

② 操作人员进入接种室前，用肥皂和清水将手洗干净，换上经过消毒的工作服和拖鞋，并戴上工作帽和口罩。

③ 开始接种前，用 70% 的酒精棉球仔细擦拭手和超净台面。

④ 备一消过毒的培养皿，里面放经过高压灭菌的滤纸片。解剖刀、医用剪子、镊子、解剖针等用具应预先浸于 95% 的酒精内，置于超净工作台的右侧。每个台位至少备四把解剖刀和镊子，轮流使用。

⑤ 接种前先点燃酒精灯，然后将解剖刀、镊子等在火焰上方灼烧后，晾放于架上备用。

⑥ 在备好的培养皿内的滤纸上切割外植体至合适的大小。

⑦ 将三角瓶或试管倾斜，打开瓶盖前，先在酒精灯火焰上方烤一下瓶口，然后打开瓶盖，并尽快将外植体接种到培养基上。注意，材料一定要嵌入培养基，而不要只是放在培养基的表面上。盖住瓶盖之前，再在火焰上方烤一下，然后盖紧瓶盖。

⑧ 每切一次材料，解剖刀、镊子等都要重新放回酒精内浸泡，取出灼烧后，斜放在支架上面晾凉。

⑨ 注意：无论是打开瓶盖（塞）还是接种材料或盖紧瓶盖，所有这些操作均应严格保持瓶口在操作台面以内，不远离酒精灯。

除上述常规操作步骤以外，新建的组织培养室在首次使用以前必须进行彻底的擦洗和消毒。先将所有的角落擦洗干净，然后用福尔马林或高锰酸钾消毒，再用紫外灯照射。

3）培养。

① 初次培养（图 4-45）。初次培养也称诱导培养，一般用液体培养，也可用固体培养。组织培养目的不同，选用的培养基成分不同，诱导分化的作用也不一样。培养初期，培养组织放到转速为 1r/min 或 2r/min 的摇床上晃动，首先产生愈伤组织，当愈伤组织长到 0.5～1.5cm 时转入固体分化培养基，给光培养，再分化出不定芽。

② 继代培养（图 4-46）。在初次培养的基础上所获得的芽、胚状体、原球茎，数量都不多，难于种植到栽培介质中去，这些培养的材料称中间繁殖体，培养中间繁殖体的过程称继代培养。培养物在良好的环境条件、营养供应和激素调节下，排除与其他生物竞争，能够按几何级数增殖。一般情况下，1 个月内增殖 2～3 倍，如果不污染又及时转接继代，能从 1 株生长繁殖材料分接为 3 株，经过 1 个月的培

养，这3株材料各自再分接3株，共9株，第二个月末获27株。依此计算，只要6个月即可增殖出2 187株。这个阶段就是快速繁殖、大量增殖的阶段。

图4-45　初次培养

图4-46　继代培养

③生根培养（图4-47）。试管苗在培养生根前需壮苗，目的是提高试管苗的健壮程度，移植后易成活。试管苗在生根培养基中，7~10d长出1~5条白色的根，逐渐伸长并长出侧根和根毛。茎上部具有3~5个叶片和顶芽，这时移栽最好（图4-48、图4-49、图4-50）。通常春季移栽比夏季移栽成活率要高。

图4-47　石斛兰瓶苗（生根培养）

图4-48　石斛兰生根苗

图4-49　蝴蝶兰生根苗

图4-50　卡特兰生根苗

4）炼苗和出瓶移栽。接种材料在瓶中经过分化长出芽和根以后，便形成了完整的小植株。但此时组织培养的任务尚未完成，只有待小苗移出瓶外并移栽成活后，组培快繁的任务才算全部完成。组培苗出瓶的操作可分为两步：

①炼苗。在培养室内，温度和光照都维持在最适宜的范围，各种营养物质齐备，瓶内始终保持无菌，且相对湿度稳定在100%。如果将幼苗从这样的环境中直接移植到外界，在温度剧烈波动、湿度大大降低、营养不全且有各种菌虫的环境中，幼苗将无法成活。因此，应给予瓶中小苗过渡性的处理，使它们能够逐渐适应与瓶中不相同、比瓶中环境差的条件。通常的方法是：将瓶移出培养室，在普通室内环境中，放到有阳光的窗台或地板上，将封口材料除掉，使幼苗暴露在自然空气中，几天以后便可移

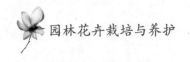

植。以上过程，常称炼苗。

②出瓶移植。通常要求组培苗移植时的环境温度比较稳定，并尽可能接近花卉生长所需要的最适宜的温度范围。有条件者，应以自动喷雾调节环境湿度。同时，根据花卉种类调节光照度。

移植组培苗常以蛭石、珍珠岩或两者的混合物为基质。此外，也可用干净的沙子。基质放入育苗盘或苗床后，应先喷洒多菌灵或百菌清1000倍液，消毒灭菌，然后移植。

先用镊子从瓶中取出小苗，将根部附着的培养基轻轻刷洗干净，然后栽入基质中，充分浇水。有些花卉需加盖塑料薄膜。缓苗后，可配制稀薄的氮、磷、钾肥作追肥，也可叶面喷施，肥料总浓度不超过0.1%。批量不大时，也可使用MS（或1/2MS）培养基的大量元素水溶液根部追施或叶面喷施。经15～20d，根系扩大，茎叶生长后，移栽上盆置放在室外或温室栽培。

单元5　园林花卉的栽培养护管理

【学习目标】

通过学习，掌握花卉在不同环境条件下的栽培养护管理技术。

【重点与难点】

重点是掌握花卉在不同环境条件下的栽培养护管理的基本理论和方法技术；难点是熟练掌握花卉促成和抑制栽培实践操作。

课题1 露地花卉的栽培

露地花卉又称地栽花卉，是指在自然条件下，不需保护设施，即可完成全部生长过程的花卉。通常指一、二年生草花、宿根花卉、球根花卉及园林绿地栽植的各类木本花卉。花卉露地栽培是指将花卉直播或移栽到露地栽培的方式。

1. 露地花卉生产的特点

（1）种类繁多，群体功能强　我国的自然气候分热带、亚热带、温带、寒带，所形成的露地栽培花卉种类繁多，在色彩上更是多种多样，可以满足多种要求。既可单株观赏，又可作为群体，成丛、成片种植，是布置花钵、花丛、花带、花坛、花境的良好材料。

（2）栽培容易，养护简单　露地花卉的繁殖、栽培大多没有特殊的要求，只要掌握好栽培季节和方法，均能成活。露地花卉对栽培条件适应性强，能自行调节水、肥、温、气等栽培条件，依季节和天气的变化，对其进行必要的肥水管理即可正常生长和开花结果。但若要求定期开花或二次开花，则必须进行科学的修剪与抹芽，并配合适当的肥水措施，才能收到预期效果。

（3）成本低，收效快　露地花卉中的宿根花卉和球根花卉一次种植，可以连年多次开花，能长期展示观赏效果，成本低，收效快。一、二年生草本花卉春季播种，夏、秋季即可开花，一般种植后2~3个月即可收效。

2. 露地花卉生产方式

露地花卉根据应用目的有两种生产方式，一种是按园林绿地的要求，在花坛、花池、花台、花境和花丛等地直播生产方式；另一种是圃地育苗生产方式。

（1）直播生产方式　将种子直接播种于花坛或花池内使其生长发育至开花的过程称为直播生产方式。适用于主根明显、须根少、不耐移植的花卉，如虞美人、香豌豆、飞燕草、矢车菊、茑萝、凤仙花、花菱草等。

（2）圃地育苗生产方式　先在育苗圃地播种培育花卉幼苗，长至成苗后，按要求定植到花坛、花池或各种园林绿地中的过程，称育苗移栽方式。育苗移栽方式要选择主根、须根发达而且耐移栽的花卉种类，如万寿菊、一串红、孔雀草、三色堇、金盏菊、金鱼草等。近年来，人们在园林绿化种植中普遍采用穴盘育苗，成活率高，见效快，应用广泛。

3. 露地花卉的栽培管理措施

（1）整地作畦　播种或移植前，做好整地工作。整地深度视花卉种类及土壤状况而定。一、二年生花卉生长期短，根系较浅，为了充分利用表土的优越性，一般翻20cm左右；球根花卉需要疏松的土壤条件，翻需30cm左右。多年生露地木本花卉在栽植时，除应将表土深耕整平外，还需要开挖定植穴。大型苗木的穴深为80～100cm；中型苗木为60～80cm；小型苗木为30～40cm。

作畦方式，依地区及地势不同而有所差别，通常有高畦和低畦之分。高畦多用于南方多雨地区及低湿之处，其畦面高于地面20～30cm，畦面两侧为排水沟，便于排水；低畦多用于北方干旱地区，畦两面有畦埂高出，能保留雨水及便于灌溉。

（2）间苗　在育苗过程中，将过密苗拔去称为间苗，也称为疏苗。种子撒播于苗床出苗后，幼苗密生、拥挤，茎叶细长、瘦弱，不耐移栽。所以当幼苗出芽、子叶展开后，根据苗的大小和生长速度进行间苗。

间苗时应去密留稀、去弱留壮，使幼苗之间有一定距离，分布均匀。间苗常在土壤干湿适度时进行，并注意不要牵动留下幼苗的根系。露地培育的花苗一般多间苗两次。第一次在花苗出齐后进行，每墩留苗2～3株，按已定好的株行距把多余的苗木拔掉；第二次间苗称定苗，在幼苗长出3～4片真叶时进行，除准备成丛培养的花苗外，一般均留一株壮苗，间下的花苗可以补栽缺株。对于一些耐移植的花卉，还可移植到其他圃地继续栽植。间苗后需对畦面进行一次浇水，使幼苗根系与土壤密接。

间苗后使得空气流通，光照充足，改善了苗木生长的环境条件，并可预防病虫害的发生；同时也扩大了幼苗的营养面积，使幼苗生长健壮。

（3）移植与定植　露地花卉栽培中，除不宜移植而进行直播的种类外，大部分花卉均应先育苗，经几次移植，最后定植于花坛或绿地，包括一、二年生草花、宿根花卉以及木本花卉。

1）移植。移植包括起苗和栽植两个过程。由苗床挖苗称起苗。若是幼苗和易移植成活的大苗可以不带土。若是较大花苗和移植难以成活而又必须移植的花苗须带土移植。移植时，可在幼苗长出4-5枚真叶或苗高5cm时进行，栽植时要使根系舒展、不卷曲，防止伤根。不带土的应将土壤压紧，带土的压时不要压碎土团。种植深度可与原种植深度一致或再深1～2cm。移植时要掌握土壤不干不湿。避开烈日、大风天气，尽量选择阴天或下雨前进行，若晴天可在傍晚进行，移植后需遮阳管理；减少蒸发，以缩短缓苗期，提高成活率。

2）定植。将幼苗或宿根花卉、木本花卉，按绿化设计要求栽植到花坛、花境或其他绿地称为定植。定植前要根据花卉的要求施入肥料。一、二年生草花生长期短，根系分布浅，以壤土为宜。宿根花卉和木本花卉要施入有机肥，可供花卉生长发育吸收。定植时要掌握好苗木的株行距，不能过密，也不能过稀，按花冠幅度大小配置，以达到成龄花株的冠幅互相能衔接又不挤压为度。

（4）水肥管理

1）灌溉与排水。灌溉用水以清洁的河水、塘水、湖水为好。井水和自来水可以储存1～2d再用。新打的井，用水之前应经过水样化验，水质呈碱性或含盐质、已被污染的水不宜应用。

灌溉的次数、水量及时间主要根据季节、天气、土质花卉种类及生长期等不同而异。春、夏季气温渐高，蒸发量大，北方雨量比较稀少，植物在生长季节，灌水要勤，且量要大，尤其对刚移植后的幼苗和一、二年生草花及球根花卉，灌溉次数应较非移植的和宿根花卉为多。就宿根花卉而言，幼苗期要多浇水，但定植后管理可较粗放，肥水要减少。立秋后，气温渐低，蒸发量小，露地花卉的生长多已停止，应减少灌水量，如天气不太干旱，一般不再灌水。冬季除一次冬灌外，一般不再进行灌溉。同一种花卉不同的生长发育阶段，对水分的需求量也不同，种子发芽前后浇水要适中；进入幼苗生长期，应适度减少浇水量，进行扣水蹲苗，利于孕蕾并防止徒长；生长盛期和开花盛期要浇足水；花前应适当控水；种子形成期，应适当减少浇水量，以利于种子成熟。

灌溉时间因季节而异。夏季为防止因灌溉而引起土壤温度骤降，伤害苗木的根系，常在早晚进行，此时水温与土温相近。冬季宜在中午前后。春、秋季视天气和气温的高低，选择中午和早晚。如遇阴天则全天都可以进行灌溉。

灌溉方法因花株大小而异。播种出土的幼苗，一般采用小水漫灌法，使耕作层吸足水分，也可用细孔喷水壶浇灌，要避免水的冲击力过大，冲倒苗株或溅起泥浆玷污叶片。对夏季花圃的灌溉，有条件的可采用漫灌法，灌一次透水，可保持园地湿润 3~5d，也可用胶管、塑料管引水灌溉。大面积的圃地与园地的灌溉，需用灌溉机械进行沟灌、漫灌、喷灌或滴灌。

2）施肥。花卉在生长发育过程中，植株从周围环境吸收大量水分和养分，所以，必须向土壤施入氮、磷、钾等肥料，来补充养料，满足花卉的需要。施肥的方法、时期、种类、数量与花卉种类、花卉所处的生长发育阶段、土质等有关。通常施肥分为：

基肥：基肥也称底肥。选用厩肥、堆肥、饼肥、河泥等有机肥料加入骨粉或过磷酸钙做基肥，整地时翻入土中，有的肥料如饼肥、粪干有时也可进行沟施或穴施。这类肥料肥效较长，还能改善土壤的物理和化学性能。

追肥：追肥是补充基肥的不足，在花卉的生长、开花、结果期，定期追施充分腐熟的肥料，及时有效地补给花卉所需养分，满足花卉不同生长、发育时期的特殊要求。追肥的肥料可以是固态的，也可以是液态的。追施液肥，常在土壤干燥时，结合浇水一起进行。一、二年生花卉所需追肥次数较多，可 10~15d 一次。

根外追肥：根外追肥即对花卉枝、叶喷施营养液，也称叶面喷肥。当花卉急需养分补给或遇上土壤过湿时，可采用根外追肥。营养液中，养分的含量极微，很易被枝、叶吸收，此法见效快，肥料利用率高。将尿素、过磷酸钙、硫酸亚铁、硫酸钾等，配成 0.1%~0.2% 的水溶液，在无风或微风的清晨、傍晚或阴天喷施于叶面，要将叶的正反两面全喷到，雨前不能喷施。一般每隔 5~7d 喷一次。根外追肥与根部施肥相结合，才能获得理想的效果。

一般花卉在幼苗期吸收量少，在中期茎叶大量生长至开花前吸收量呈直线上升，一直到开花后才逐渐减少。准确施肥还取决于气候、管理水平等。施用时不能玷污枝叶，要贯彻"薄肥勤施"的原则，切忌施浓肥。

水、肥管理对花卉的生长发育影响很大，只有合理地进行浇水、施肥，做到适时、适量，才能保证花卉健壮的生长。

（5）中耕除草　中耕除草的作用在于疏松表土，减少水分蒸发，增加土温，增强土壤的通透性，促进土壤中养分的分解，以及减少花、草争肥而有利于花卉的正常生长。雨后和灌溉之后，没有杂草也需要及时进行中耕。苗小中耕宜浅，以后可随着苗木的生长而逐渐增加中耕深度。

（6）修剪与整形　通过修剪与整形可使花卉植株枝叶生长均衡，协调丰满，花繁果硕，有良好的观赏效果。修剪包括摘心、抹芽、剥蕾、折枝捻梢、曲枝、短截、疏剪等。

1）摘心：摘除正在生长的嫩枝顶端。摘心可以促使侧枝萌发，增加开花枝数，使植株矮化，株形圆整，开花整齐。摘心也有抑制生长，推迟开花的作用。需要进行摘心的花卉有一串红、万寿菊、千日红等。但以下几种情况不宜摘心，如植株矮小，分枝又多的三色堇、石竹等，主茎上着花多且朵大的球头鸡冠花、凤仙花等，以及要求尽早开花的花卉。

2）抹芽：剥去过多的腋芽或挖掉脚芽，限制枝数的增加或过多花朵的发生，使营养相对集中、花

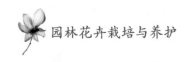

朵充实且大，如菊花、牡丹等。

3）剥蕾：剥去侧蕾和副蕾。使营养集中供主蕾开花，保证花朵的质量，如芍药、牡丹、菊花等。

4）折枝捻梢：折枝是将新梢折曲，但仍连而不断。捻梢指将梢捻转。折枝和捻梢均可抑制新梢徒长，促进花芽分化。一些蔓生藤本花卉常采用这种作法，如牵牛、茑萝等常用此方法修剪。

5）曲枝：为使枝条生长均衡，将长势过旺的枝条向侧方压曲，将长势弱的枝条顺直，可得抑强扶弱的效果，如大立菊、一品红等。木本花卉用细绳将枝条拉直或向左或向右方向拉平，使枝条分布均匀，如金橘、代代、佛手等。

6）疏剪：剪除枯枝、病弱枝、交叉枝、过密枝、徒长枝等，以利通风透光，且使树体造型更加完美。

7）短截：分重剪和轻剪。重剪是剪去枝条的2/3，轻剪是将枝条剪去1/3。月季、牡丹冬剪时常用重剪方法。生长期的修剪多采用轻剪。

（7）越冬防寒　我国北方冬季寒冷，冰冻期又长，露地生长的花卉采取防寒措施才能安全越冬。

1）覆盖法。霜冻到来之前，在畦面上覆盖干草、落叶、马粪、草帘等，直到翌年春季。

2）培土法。冬季将地上部分枯萎的宿根、球根花卉或部分木本花卉，壅土压埋或开沟压埋待春暖后，将土扒开，使其继续生长。

3）灌水法。冬灌能减少或防止冻害，春灌有保温、增温效果。由于水的热容量大，灌水后能提高土的导热量，使深土层的热量容易传导到土面，从而提高近地表空气温度。

4）包扎法。一些大型露地木本花卉常用草或薄膜包扎防寒。

5）浅耕法。浅耕可降低因水分蒸发而产生的冷却作用，同时，因土壤疏松，有利于太阳热的导入，对保温和增温有一定效果。

6）熏烟法。对于露地越冬的二年生花卉，熏烟法只有在温度不低于 −2℃ 时才有效。熏烟防止土温降低。发烟时烟粒吸收热量使水凝成液体而放出热量。

7）密植。可以增加单位面积茎叶的数目，减低地面热的辐射。

8）设立风障、利用冷床（阳畦）、减少氮肥、增施磷钾肥增加抗寒力等。

（8）轮作

1）定义：同一地面，轮流栽植不同种类的花卉，其循环期限包含二、三年以上。

2）目的：最大限度地利用地力和防除病虫害。

3）原理：不同种类的花卉，表现在对于营养成分的吸收不同；减少专性花卉病虫害的危害——若某一害虫只为害一种花卉，轮作可使之因无可食的植物而死去或转移。

4）方法：浅根性与深根性花卉轮作。如前作是浅根性花卉，将表土附近的养分大部吸收，后作应种深根性的花卉。花卉与其他作物轮作，如秋播花卉和秋植球根花卉常与蔬菜、麦类和甘薯等轮作，花卉在春季 4~5 月开花收获后，播种或移栽其他作物，至秋季再栽培秋播花卉或秋植球根花卉。

课题 2 温室花卉的栽培管理

温室花卉是指当地常年或在某段时间内，须在温室中栽培的观赏植物，其种类因地而异。如茉莉在中国南方为露地花木，而在华北、东北地区则为温室花木。冬季为促成开花而利用温室栽培的非洲菊、香石竹、花烛、报春等，习惯上也常归入温室花卉。

温室的环境条件，可部分或全部由人工控制。考虑到不同环境因子的综合影响，还常结合采取多种措施，如夏季高温地区的降温、遮荫和通风等。对温度的调节须遵循逐渐变化的原则，符合各类花卉的不同要求，且要避免夜间温度高于白天。对光线的控制须兼顾光照强度和光质。可以分为两种类型：

温室地栽：主要用于大面积的冬春季切花生产，如非洲菊、马蹄莲、香石竹、香豌豆等；节日花卉应用的促成栽培如一串红、木筒蒿等需要通过温室地栽实现。

温室盆栽：一些露地花卉如紫罗兰、金盏菊、一串红等温室花卉为满足冬春缺花季节的切花需要，或为供应节日布置的盆花，生产上以盆栽为主。

1. 花卉盆栽概述

将花卉栽植于花盆的生产栽培方式，称为花卉盆栽。我国的盆栽花卉生产历史悠久，但20世纪80年代前，以传统栽培方法为主，规模小、种类少，栽培技术落后，常以自产自用为主，上市量不大。20世纪80年代后，盆栽生产逐步走上规模化生产，并广泛应用于展览和景观布置。20世纪90年代后期，由于国外先进栽培技术、先进设施与优良品种的引进，盆栽花卉的数量、品种和栽培技术等方面有了较大的发展，盆栽花卉生产开始步入规模化和商品化时期。近几年我国盆花发展迅猛，如广东形成了我国盆栽观叶植物生产、销售和流通的中心，其产量约占全国观叶植物总产量的70%。上海、北京等地成为盆栽花卉的生产销售中心。一批盆栽花卉的龙头企业逐步形成。如上海交大农业科技有限公司主要以生产流行的F1代盆栽花卉为主，上海盆花市场的30%盆花由该公司提供；天津园林科研所的仙客来、广州先锋园艺公司的一品红、江苏宜兴杜鹃花试验场的杜鹃花、昆明蝴蝶兰等全国闻名，部分已供应国际市场。盆栽花卉已成为国际花卉贸易的重要内容。

2. 培养土的配制

基质是花卉赖以生存的基础物质，最常见的基质是土壤。盆栽花卉其根系被局限在有限的容器内不能充分地伸展，这样势必会影响到地上部分枝叶的生长，因此营养物质丰富、物理性能良好的土壤，才能满足其生长发育的要求，所以盆栽花卉必须用经过特制的培养土来栽培。适宜栽培花卉的土壤应具备下列特点：应有良好的团粒结构，疏松而肥沃；排水与保水性能良好；含有丰富的腐殖质；土壤酸碱度适合；不含任何杂菌。培养土的最大特点是富含腐殖质，由于大量腐殖质的存在，土壤松软，空气流通，排水良好，能长久保持土壤的湿润状态，不易干燥，丰富的营养可充分供给花卉的需要，以促进盆花的生长发育。

（1）培养土的配制　花卉种类繁多，对培养土的要求各异，配制花卉的培养土，需根据花卉的生态习性、培养土材料的性质和当地的土质条件等因素灵活掌握。配制成的培养土具有较好的持水、排水、保肥能力和良好的通气性以及适宜的酸碱度，就能为花卉的生长、发育提供一个良好的物质基础。

1）普通培养土。普通培养土是花卉盆栽必备的土，常用于多种花卉栽培。一般盆栽花卉的常规培养土有以下三类。疏松培养土：腐叶土6份、园土2份、河砂2份，混合配制。中性培养土：腐叶土4份、园土4份、河砂2份，混合配制。黏性培养土：腐叶土2份、园土6份、河砂2份，混合配制。一、二年生花卉的播种及幼苗移栽，宜选用疏松培养土，以后可逐渐增加园土的含量，定植时多选用中性培养土。总之，花卉种类不同及不同发育阶段都要选配不同的培养土。

2）各类花卉培养土配制

① 扦插成活苗（原来扦插在砂中者）上盆用土：河砂2份、壤土1份、腐叶土1份（喜酸植物可用泥炭）。

② 移植小苗和已上盆扦插苗用土：河砂1份、壤土1份、腐叶土1份。

③ 一般盆花用土：河砂1份、壤土2份、腐叶土1份、干燥厩肥0.5份，每4kg上述混合土加入适量骨粉。

④ 较喜肥的盆花用土：河砂2份、壤土2份、腐叶土2份、半份干燥肥料和适量骨粉。

⑤ 一般木本花卉上盆用土：河砂2份、壤土2份、泥炭2份、腐叶土1份、0.5份干燥肥。

⑥ 一般仙人掌科和多肉植物用土：河砂2份、壤土2份、细碎盆粒1份、腐叶土0.5份、适量骨粉和石灰石。

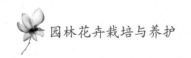

美国加利福尼亚大学标准培养土配制，是由细砂与泥炭配合，细砂75份、泥炭25份混合后填入扦插苗床，等份的细砂与泥炭或细砂25份、泥炭75份混合供一般的盆栽花木；而盆栽茶花、杜鹃花全为泥炭。

（2）培养土的消毒　使用培养土之前应先对其进行消毒、杀菌处理。常用的方法如下。

1）日光消毒。将配制好的培养土摊在清洁的水泥地面上，经过十余天的高温和烈日直射，利用紫外线杀菌、高温杀虫，从而达到消灭病虫的目的。这种消毒方法不严格，但有益的微生物和共生菌仍留在土壤中。

2）加热消毒。盆土的加热消毒有蒸汽、炒土、高压加热等方法。只要加热80℃，连续30min，就能杀死虫卵和杂草种子。如加热温度过高或时间过长，容易杀灭有益微生物，影响它的分解能力。

3）药物消毒。药物消毒主要用40%的福尔马林溶液，0.5%高锰酸钾溶液。在每立方米栽培用土中，均匀喷撒40%的福尔马林400～500mL，然后把土堆积，上盖塑料薄膜。经过48h后，福尔马林化为气体，除去薄膜，等气体挥发后再装土上盆。

4）培养土的储藏。培养土制备一次后剩余的需要储藏以备及时应用。储藏宜在室内设土壤仓库，不宜露天堆放，否则养分淋失和结构破坏，失去优良性质。储藏前可稍干燥，防止变质，若露天堆放则应注意防雨淋、日晒。

3. 上盆、换盆、翻盆与转盆

（1）上盆　在盆花栽培中，将花苗从苗床或育苗器皿中取出移入花盆中的过程称上盆。上盆前要选花盆，首先根据植株的大小或根系的多少来选用大小适当的花盆。应掌握小苗用小盆、大苗用大盆的原则。小苗栽大盆既浪费土又造成"老小苗"；其次要根据花卉种类选用合适的花盆，根系深的花卉要用深筒花盆，不耐水湿的花卉用大水孔的花盆。

花盆选好后，对新盆要"退火"，新使用的瓦盆先浸水，让盆壁充分吸水后再上盆栽苗，防止盆壁强烈吸水而损伤花卉根系；对旧盆要洗净，经过长期使用过的旧花盆，盆底和盆壁都沾满了泥土、肥液甚至青苔，透水和透气性能极差，应清洗干净晒干后再用。

花卉上盆的操作过程：选择适宜的花盆，盆底平垫瓦片，或用塑料窗纱1～2层盖住排水孔；然后把较粗的培养土放在底层，并放入马蹄片或粪干等迟效肥料，再用细培养土盖住肥料；并将花苗放在盆中央使苗株直立，四周加土将根部全部埋入，轻提植株使根系舒展，用手轻压根部盆土，使土粒与根系密切接触；再加培养土至离盆口3cm处留出浇水空间。

新上盆的盆花盆土很松，要用喷壶洒水或浸盆法供水。花卉上盆后的第一次浇水称为"定根水"，要浇足浇透，以利于花卉成活。刚上盆的盆花应摆放在蔽荫处缓苗，然后逐步给予光照，待枝叶挺立舒展恢复生机，再进行正常的养护管理。

（2）换盆与翻盆　花苗在花盆中生长了一段时间以后，植株长大，需将花苗脱出换入较大的花盆中，这个过程称换盆。花苗植株虽未长大，但因盆土板结、养分不足等原因，需将花苗脱出修整根系，重换培养土，增施基肥，再栽回原盆，这个过程称翻盆。

各类花卉盆栽过程均应换盆或翻盆。一、二年生草花生长迅速，一般到开花前要换盆1～2次，换盆次数较多，能使植株强健，生长充实，植株高度较低，株形紧凑，但会使花期推迟；宿根、球根花卉成苗后一年换盆1次；木本花卉小苗每年换盆1次，大苗2～3年换盆或翻盆1次。

换盆或翻盆的时间多在春季进行。多年生花卉和木本花卉也可在秋冬停止生长时进行；观叶植物宜在空气湿度较大的春夏间进行；观花花卉除花期不宜换盆外，其他时间均可进行。

一、二年生花卉换盆主要是换大盆，对原有的土球可不做处理，并防止破裂、损伤嫩根，在新盆盆底填入少量培养土后，即可从原盆中脱出放入，并在土球四周填入新培养土，用手稍加按压即可。

多年生宿根花卉，主要是更新根系和换新土，还可结合换盆进行分株，因此，把原盆植株土球脱出后，将四周的老土刮去一层，并剪除外围的衰老根、腐朽根和卷曲根，以便添加新土，促进新根生长。

　　木本花卉应根据不同花木的生长特点换盆。有的花卉换盆后会明显影响其生长，可只将盆土表层掘出一部分，补入新的培养土，也能起到更换盆土的作用。换盆后须保持土壤湿润，第一次充分灌水，以使根系与土壤密接，以后灌水不宜过多，保持湿润为宜，待新根生出后再逐渐恢复正常浇水。另外，由于修掉了外围根系，造成很多伤口，有些不耐水湿的花卉在上新盆时，用含水量60%的土壤换盆，换盆后不马上浇水，进行喷水，待缓苗后再浇透水。

　　（3）转盆　在光线强弱不均的花场或日光温室中盆栽花卉时，因花苗向光性的作用而偏方向生长，以至生长不良或降低观赏效果。所以在这些场所盆栽花卉时应经常转动花盆的方位，这个过程称转盆。转盆可使植株生长均匀、株冠圆整。此外，经常转盆还可防止根系从盆孔中伸出长入土中。在旺盛生长季节，每周应转盆一次。

　　（4）倒盆　为了增大盆间距离，增加通风透光，减少病虫害和防治徒长，使花卉产品生长均匀一致，将生长旺盛的植株移到条件较差的温室部位，以调整生长，称为倒盆。

　　（5）松盆土（扦盆）　通常用竹片或小铁耙使土壤表面疏松、空气流通（土面因不断浇水而板结），除去土面的青苔和杂草（因为青苔影响盆土空气流通，难以确定盆土的湿润程度），利于浇水和施肥。

4. 盆花的浇水方式

　　（1）浇水　用浇壶或水管放水淋浇，将盆土浇透。在盆花养护阶段，凡盆土变干的盆花，都应全面浇水，水量以浇后能很快渗完为准，既不能积水，也不能浇半截水，掌握好"见干见湿"的浇水原则。这是最常用的浇水方式。

　　（2）喷水　主要是用喷壶、胶管或喷雾设备向植株和叶片喷水。喷水不但供给植株吸收水分，而且能起到提高空气湿度和冲洗灰尘的作用。一些生长缓慢的花卉，在荫棚养护阶段，盆土经常保持湿润，虽表土变干，但下层还有一定的含水量，每天叶面喷水1~2次，不浇水。在北方养护酸性土花卉常采用这种给水方式。

　　（3）找水　在花场中寻找缺水的盆花进行浇水的方式称找水。如早晨浇过水后，10~12时检查，太干的盆花再找水一次，可避免过长时间失水造成伤害。

　　（4）放水　结合追肥对盆花加大浇水量的方式称放水。在傍晚施肥后，次日清晨应再浇水一次。

　　（5）勒水　连阴久雨或平时浇水量过大，应停止浇水，并立即松土称勒水。对水分过多的盆花停止供水，并松盆土或脱盆散发水分，以促进土壤通气，利于根系生长。

　　（6）扣水　在翻盆换土后，不立即浇水，放在荫棚下每天喷一次水，待新稍发生后再浇水称为扣水。翻盆换土时修根较重，不耐水湿的植物可采用湿土上盆，不浇水，每天只对枝叶表面喷水，有利于土壤通气，促进根系生长。有时采取扣水措施而促进花芽分化，如梅花、叶子花等木本花卉。

课题3 盆花在温室中的排列

1. 依据温室中的光照

　　1）应把喜光的花卉放到光线充足的温室前部和中部；耐阴的和对光线要求不严格的花卉放在温室的后部。

　　2）植株矮的放在前面，高的放在后面。

2. 依据温室中的温度

　　把喜温花卉放在近热源处和温室中部。把比较耐寒的强健花卉放在近门及近侧窗部位。

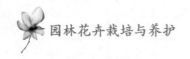

3. 依据植株的发育阶段

扦插、播种的应放在接近热源的地方；幼苗移到温度较低而光照充足的地方；休眠的植株放在条件较差处，密度可加大。

4. 从平面和立面排列考虑，充分利用空间

（1）平面排列上　除走道、水池、热源外，其他面积为有效面积。如设移动式种植床，平时不留走道。做好一年中花卉生产的倒茬和轮作。

（2）立面利用上　在较高的温室中，于走道上方悬挂下垂植物；在低矮的温室中，栽蔓性花卉可放置在植物台的边缘。在单屋面温室中，可利用级台，在台下放置一些耐阴湿的花卉。

课题4 温室环境的调节

1. 温度

温度控制包括加温（日光辐射加温和人工加温）、降温（通风和遮荫）。

（1）冬季要加温　冬天低温温室在室温降至0℃时，才加温。中温温室从11月开始，高温温室从10月中旬开始，均至次年5月初。每天17时开始加温，并覆盖蒲席，次晨8时半至9时揭开蒲席。

（2）夏季室内降温　要将盆花移置室外，在荫棚下栽培，只有部分热带植物和多浆植物留置温室内。

2. 日光

采用遮荫调节光照。

（1）依据植物种类

多浆植物：要求充分的光照，不遮荫。

喜阴花卉：如兰花、秋海棠类花卉及蕨类植物等，必须适当遮荫。喜阴的蕨类植物应遮去全部直射光。

一般温室花卉：夏季要求遮去日光30%～50%，而在冬季需要充足的光照，不要遮荫，春秋两季则应遮去中午前后的强烈光线，晨夕予以充分光照。

（2）依据季节　夏季遮荫时间较冬季长，遮荫的程度比冬季大。遮荫时间：在上午9时至下午4时，阴雨天不遮荫。

（3）温室遮荫方法

1）常采用苇帘或竹帘覆盖在玻璃屋面上。

2）也可在室外玻璃面上喷薄层的石灰水或石灰水加食盐，增加石灰的附着力。

3. 湿度

（1）增加湿度　可在室内的地面上、植物台上及盆壁上洒水，以增加水分的蒸发量。最好设置人工喷雾装置，自动调节湿度。

（2）降低湿度　采取通风的方法来降低湿度。应在冬季晴天的中午，适当打开侧窗使空气流通，但最忌寒冷的空气直接吹向植株。整个夏季必须全部打开天窗及侧窗，以加强通风，降低湿度和温度。在温室中温度高的湿度就大。

课题5 促成和抑制栽培

1. 促成和抑制栽培的意义

（1）定义　促成栽培又称为催延花期，是人为地利用各种栽培措施，使花卉在自然花期之外，按照人们的意志定时开放。

1）促成栽培：开花期比自然花期提早者称为促成栽培。

2）抑制栽培：开花期比自然花期延迟的称为抑制栽培。

（2）意义　高产出的节日用花。尤其是十一、五一、元旦、春节等节日用花，需要数量大、种类多、要求质量高，还必须准确地应时开花。花卉的四季均衡生产。

2. 花卉促成和抑制栽培的途径

（1）温度处理

1）打破休眠。

2）春化作用：完成春化阶段，使花芽分化得以进行。

3）花芽分化：花芽分化，要求适宜的温度。

4）花芽发育：有一些花卉在花芽分化完成后，花芽即进入休眠，要进行温度处理才能打破而开花。

5）影响花茎的伸长：有的花卉花茎的伸长要一定时间低温处理，然后在较高的温度下花茎才能伸长，如郁金香、君子兰等。

（2）日照处理　控制长日照和短日照花卉的日照时间，以提早或延迟其花芽分化或花芽发育，调节花期。

（3）药剂处理　主要用于打破球根花卉及花木类的休眠，提早萌芽生长，提前开花。

（4）栽培措施处理　调节繁殖期或栽植期，采用修剪、摘心、施肥和控制水分等措施可有效地调节花期。

3. 促成和抑制栽培的方法

（1）处理材料的选择

1）选择适宜的花卉种类和品种。如菊花早花品种，短日照处理50d开花，而晚花品种要处理70天才开花。

2）球根成熟程度：球根成熟程度高的，促成栽培反应好，开花质量高。

3）植株和球根大小：选择生长健壮、能够开花的植株或球根。要选用达到开花苗龄的植株处理。球根花卉要达到一定大小时才能开花，如郁金香鳞茎重量为12g以上，才能处理开花。

（2）处理设备要完善　如控温设备；日照处理的遮光和加光设备等。

（3）栽培条件和栽培技术　良好的栽培设备和熟练的栽培技术可使处理植株生长健壮，提高开花的数量和质量，提高商品价值，延迟观赏期。

（4）温度处理　一般以20℃以上为高温，15~20℃为中温，10℃以下为低温。休眠期进行温度处理可以提前开花。如郁金香在苗前和苗期，白天使室内温度保持在12~15℃，温度过高应及时通风降温，夜间不低于6℃，促使种球早发根，发壮根，培育壮苗。此时温度过高，会使植株茎秆弱，花质差。经过20多天，植株已长出两片叶时，应及时增温，促使花蕾及时脱离苞叶。白天室内温度保持在18~25℃，夜间应保持在10℃以上。一般再经过20多天时间，花冠开始着色，第一支花在12月下旬至1月上旬开放，至盛花期需10~15d，这时应视需花时间的不同分批放置，温度越高，开花越早。一般花冠完全着色后，应将

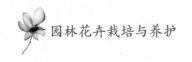

植株放在10℃的环境待售。

栽植生长期的温度处理。如矢车菊、飞燕草等，在种子发芽后立即进行低温处理，可促进花芽分化；如紫罗兰、报春花、瓜叶菊等，在植株营养生长达到一定程度时，再行低温处理。

低温处理可以利用自然的低温，如紫罗兰8月8日播种，经过冬季-5℃低温，完成春化，次年2月上旬即可开花。

（5）光照处理

1）长日照性的花卉。

方法：在长日照下开花，在日照短的季节，用电灯补充光照，即人工长日照处理（100lx的光照即可，一般夏天中午的日照强度是10万lx）。

作用：长日照处理下，长日照植物能提早开花，短日照植物则延迟开花。

① 春天开花的花卉多为长日照植物，如紫罗兰、蒲包花、天竺葵、瓜叶菊、四季报春、金鱼草、三色堇等。它们长日照处理可提前开花。

② 秋天开花的短日照植物如秋菊，进行长日照处理，可推迟开花。选择晚花品种，插芽（春节开花的7月25日插芽），14.5h电照（9月中旬花芽分化，电照到10月25日），自然短日照65～70d可开花取切花。

2）短日照性的花卉。利用短日照促成栽培的花卉有：菊花、一品红、玉海棠和三角花等。在长日照时，遮光处理菊花可提前花期。如夏季用秋菊，选择一定株高的植株（用作切花的株高50cm以上），作遮光处理（日照9～11h，遮去傍晚的光，遮光35～50d）即可提前花期。

（6）药剂处理　常用的有赤霉素、乙醚、奈乙酸、2，4-D、秋水仙素、吲哚丁酸、乙炔、脱落酸等。赤霉素可打破休眠，使八仙花、杜鹃茎叶伸长生长；促进紫罗兰、金鱼草、仙客来等花芽分化；代替低温的春化作用，促进紫罗兰、秋菊开花。在花芽分化期前用生长素如吲哚乙酸、奈乙酸、2，4-D等处理秋菊，可延迟开花。

（7）栽培措施处理

1）调节繁殖期和栽植期：如调节播种期可于十一开花。

摘心：开花前25～30d摘心，使一品红提前于十一开花。

2）施肥：施磷钾肥，促进开花。

3）控制水分：控制开花期，控制水分，使植株落叶休眠，再于适当时期给予水分供应，解除休眠，生长开花。

4）调节扦插期：如需十一开花，可于3月下旬栽植葱兰，5月上旬栽植荷花等。

5）通过修剪、摘心、施肥、控制水分等技术措施调节花期。

单元6 园林花卉的应用

课题1 花　　坛

花坛是古老的花卉应用形式，是一种特殊的园林绿地（图6-1～图6-4）。它用具有一定几何图形的栽植床，在床内布置各种不同色彩的花卉，组成美丽的图案。床内如果布置的是木本植物，也可称为树坛。

图6-1　花坛（一）

图6-2　花坛（二）

图6-3　花坛（三）

图6-4　花坛（四）

1. 花坛的类型

花坛可根据不同的划分方法分为不同的类型，在本课题中应学习掌握的类型有：

（1）根据花材分类　根据花材使用的不同，可分为盛花花坛、模纹花坛和混合花坛。

1）盛花花坛：主要以观花草本植物组成，以观赏花卉群体的艳丽色彩为主，是花卉到盛花时的整体景观（图6-5～图6-7）。图案是从属的，可由同种花卉不同品种或不同花色的群体组成，也可由不同花色的多种花卉群体组成。

图6-5　盛花花坛（一）　　　　图6-6　盛花花坛（二）　　　　图6-7　盛花花坛（三）

2）模纹花坛：利用花卉的花色或叶色模仿某一种花纹在花坛中进行布置，这种花坛叫模纹花坛（图6-8～图6-11）。在模纹花坛中，所有的花纹都一样平，称为毛毡花坛（毛毯花坛）。花纹高低不平，有的花纹凸出，有的花纹凹陷的，称为浮雕花坛。

图6-8　模纹花坛（一）　　　　　　图6-9　模纹花坛（二）

图6-10　模纹花坛（三）　　　　　图6-11　模纹花坛（四）

3）混合花坛：是盛花花坛和模纹花坛的混合形式，兼有华丽的色彩和精美的图案（图6-12、图6-13）。

图6-12　混合花坛（一）　　　　　图6-13　混合花坛（二）

（2）根据空间位置分类　根据空间位置，可分为平面花坛、斜面花坛和立体花坛。

1）平面花坛：指花坛表面与地面平行，主要观赏花坛的平面效果（图6-14、图6-15）。

图6-14　平面花坛（一）

图6-15　平面花坛（二）

2）斜面花坛：指花坛设在斜坡或阶地上，也可布置在建筑物的台阶上。花坛的表面为斜面，是主要的观赏面（图6-16）。

3）立体花坛：指花坛向空间延伸，具有竖向景观，以四面观赏为多（图6-17～图6-22）。可以是盛花花坛、混合花坛，也可以是模纹花坛，包括标题式花坛，如制成动物、花篮、花瓶、标牌等。

图6-16　斜面花坛

图6-17　立体花坛（一）

图6-18　立体花坛（二）

图6-19　立体花坛（三）

图6-20　立体花坛（四）

图6-21　立体花坛（五）

图6-22　立体花坛（六）

（3）根据花坛的组合及布局分类　根据花坛的组合及布局分为独立花坛、花坛群和带状花坛。

1）独立花坛即单体花坛，面积不宜过大，否则远处花卉看不清楚（图6-23、图6-24）。

2）花坛群：由多个花坛组成一个不可分割的构图整体，称为花坛群（图6-25、图6-26）。花坛群的布局是规则对称的。花坛群的各个花坛之间要求整体统一，否则，会显得杂乱无章，失去观赏性。花坛群多设在广场的中央，大面积草坪、大型公共建筑物前的场地之中或规则式园林构图中心。

图6-23　独立花坛（一）

图6-24　独立花坛（二）

图6-25　花坛群（一）

图6-26　花坛群（二）

3）带状花坛：由花卉组合成带状、环状等花卉形式（图6-27、图6-28）。

图6-27　带状花坛（一）

图6-28　带状花坛（二）

2. 花坛的设计

（1）花坛设计应注意的事项　花坛往往作为一个主景来处理，一般设在广场（图6-29）、草坪中央（图6-30），大门口内外（图6-31）。少数做配景处理，可设在喷水池周围和建筑物前后，有时为了组织交通，花坛可设在道路交叉口上、道路两侧和一般人流多的地段，多在规则布置中应用。

图 6-29 设在广场

图 6-30 设在草坪中央

（2）设计要求

1）图样简洁，轮廓鲜明，色彩明快，颜色之间界限明显，不能拖泥带水（图 6-32）。

图 6-31 设在大门口内外

图 6-32 花坛设计举例（一）

2）植株低矮，生长整齐，花期集中并一致，花朵繁茂，色彩鲜艳，管理方便（图 6-33）。

总之，花坛的设计首先应在风格、体量、形状、色彩等方面与周围环境相协调，其次才是花坛自身的特色（图 6-34）。

图 6-33 花坛设计举例（二）

图 6-34 花坛设计举例（三）

（3）花坛布置 花坛的布置要和环境统一；花坛的大小、形状、高低与周围环境要协调统一；花坛的平面形状要与所处地域的形状相似；花坛的高度不可遮住出入口的视线。

（4）花坛栽植床的要求 花坛边缘一般用水泥或瓷砖做成种植床（图 6-35～图 6-38）。高度一般为 15～50cm，宽 10～30cm，花坛的种植床一般都高于地面，还可做成中间稍高、四周稍低的形状，其倾角为 5°～10°。种植土厚度因植物而定，一、二年生草花为 20～30cm，多年生草花及灌木为 40cm。

图 6-35　花坛种植床（一）

图 6-36　花坛种植床（二）

图 6-37　花坛种植床（三）

图 6-38　花坛种植床（四）

（5）植物种类的选择　植物种类的选择根据花坛的类型和观赏时期不同而不同。布置同一花坛，可用 1~3 种花卉组成，种类不宜过多，切忌在同一花坛中应用很多花卉，而每一种颜色的面积又很小，显得凌乱，更不能采用株间混交的方式，而使整个花坛杂乱无章。

（6）花坛欣赏　天安门广场是祖国首都北京的心脏地带，是世界上最大的城市中心广场。据资料显示，广场于 1986 年被评为"北京十六景"之一，景观名"天安丽日"，从这年开始，每年都会围绕当年我国经济、社会发展的新特点进行设计布置广场中心主题大型花坛供人们观赏。

1）1986 年国庆，首次在天安门广场摆花（图 6-39）。共用花 10 万盆，广场中央建起直径 60m、高 3m 的以大松柏为主景的大花坛。6 个巨大的花瓣开花花坛由中心向外辐射，每个花瓣长 25m、宽 11m，花心用 50 多盆龙柏球组成。

2）1987 年国庆，第二次在天安门广场大规模展摆花卉，广场共用 10 万盆鲜花摆大小花坛 38 个，象征建国 38 周年（图 6-40）。中央花坛四周 6m 处分别摆设"南湖灯光""延安宝塔""万里长城""姐妹情思"四个造型花坛，每个花坛长 25m，宽 20m，约 500m^2。

图 6-39　1986 年国庆节天安门广场花坛

图 6-40　1987 年国庆节天安门广场花坛

3）1988年国庆，天安门广场摆制了用40多种8万多盆各色鲜花组成的19个花坛，组成五个风格各异的造型景观（图6-41）。广场北侧是一组分布于国旗两侧的大型水景花坛，每个花坛长35m，宽11m。广场中部的主花坛为"二龙戏珠"，用两个巨龙花坛和一个名为"龙舟况渡"的圆形水景花坛组成，巨龙长30m，高8m，用3000株黄菊花扎制而成。

4）1989年国庆，是建国40周年，天安门广场共七个花坛，面积3500m²，用花8.5万盆，占广场面积的3%（图6-42）。广场中心是高7m、长40m的坡面花坛，北坡是"葵花向阳"图案，南坡为飘扬的国旗图案。

图6-41　1988年国庆节天安门
广场花坛

图6-42　1989年国庆节天安门
广场花坛

5）1990年国庆，在天安门广场共摆花坛13个，用花10万盆（株），占地面积6263m²，为广场总面积的9.4%（图6-43）。花坛群的主题是歌颂伟大的祖国和可爱的中华，突出节日气氛。

6）1991年国庆，天安门广场中心是高6.3m、直径60m的立体红色五角星光芒四射的花坛，象征56个民族的花环圈在五角星的周围，体现各族人民大团结，共同建设繁荣富强的社会主义中国（图6-44）。

图6-43　1990年国庆节天安门
广场花坛

图6-44　1991年国庆节天安门
广场花坛

7）1992年国庆，天安门广场由17万盆鲜花摆成的15组大型花坛（图6-45）。其直径为60m的广场中心花坛，中间是由324个喷头组成的喷泉。这是天安门广场首次使用喷泉构建花坛。

8）1993年国庆，天安门广场花坛中心直径62m，花坛中心是巨大的人造喷泉（图6-46）。周围有四处花坛，象征着改革开放的春天，祖国繁花似锦。

9）1994年国庆，天安门广场共布置大型花坛8组（图6-47）。占地1万m²，为广场总面积的13%。花坛以"团结奋进，振兴中华"为主题，摆花25万盆。创历年花坛高度、坚固度、难度、体量之最。中心喷泉花坛直径 60m，各种喷头 2300 个，水下彩灯 222 盏，主喷高度 30m，水面直径 40m。

图 6-45　1992 年国庆节天安门广场花坛

图 6-46　1993 年国庆节天安门广场花坛

10）1995 年国庆，天安门广场花坛布置以"喜庆、欢快、祥和"为主题，将 20 余万盆鲜花组成八组花坛（图 6-48）。"气象万千"中心水景花坛直径 60m，喷身高度 20m，由 1423 个喷头组成"喷薄日出""壮志豪情""春满人间""歌舞升平"四种水景图案。

图 6-47　1994 年国庆节天安门广场花坛

图 6-48　1995 年国庆节天安门广场花坛

11）1996 年国庆，整个广场布置大型花坛八组，"欣欣向荣"中心花坛（图 6-49）北侧有两组"普天同庆""喜迎回归"花坛，为高 8m、直径 3.8m 的六边形巨型宫灯，轴心是香港回归的画卷，预示着 1997 年的香港回归。

12）1997 年国庆，天安门广场"万众一心"中心花坛直径 68m，围绕巨型喷泉主花坛分布 15 个小型喷泉，并增加灯饰，各水池间用如意花卉图案相连接（图 6-50）。

图 6-49　1996 年国庆节天安门广场花坛

图 6-50　1997 年国庆节天安门广场花坛

13）1998 年国庆，广场中央为"万众一心"中心水法花坛（图 6-51），设计围绕传统的花坛布景格局，突出了每个花坛具有一定特色主题的创意思想，在构思上力求创新，整体烘托"欢乐、喜庆、祥和"的节日气氛。

14）1999年国庆，由于国庆阅兵活动的需要，天安门广场不再另设花坛，于10月2日开始以34辆世型彩车为主景，象征全国31个省、市、自治区及香港、澳门、台湾欢聚一堂，普天同庆（图6-52）。

图6-51 1998年国庆节天安门广场花坛　　　图6-52 1999年国庆节天安门广场花坛

15）2000年国庆，天安门广场花坛突出"万众一心"主题喷泉花坛（图6-53），其四角各设一个主题造景花坛，同时在国旗杆两侧设水法花坛，中山公园两侧各设一灯箱组字花坛。花坛总占地面积约为1万m^2。通过点、线、面的综合处理，营造一个国际化都市的节日景观。

16）2001年国庆，天安门广场花坛继续采用"一大四小"的传统布局形式，突出"万众一心"主题喷泉花坛，气势壮观（图6-54）。中心花坛直径72m，中心水池直径30m，喷泉水柱最高达18m，寓意中华儿女在中国共产党领导下万众一心，奋勇前进。表达了全国人民对北京成功举办2008年奥运盛会充满信心。

图6-53 2000年国庆节天安门广场花坛　　　图6-54 2001年国庆节天安门广场花坛

17）2002年国庆，天安门广场为"万众一心"喷泉花坛。30万盆鲜花，分为"万众一心""走向未来""共创明天""光辉历程""锦绣中华"（图6-55）五个主题花坛。

18）2003年国庆，天安门广场中心花坛为"万众一心"，花坛直径72m（图6-56）。在广场两侧长140m、宽30m的绿地上布有画卷花坛：东侧画卷以长江三峡为主景，西侧画卷以长城为主景。

19）2004年国庆，天安门广场"万众一心"中心花坛（图6-57），总占地面积为12000m^2，花坛用花约30万盆。东侧花坛自北向南由缀花日晷、神舟五号及发射塔、高科技符号等组成，共同体现我国在科技领域所取得的伟大成就。

20）2005年国庆，天安门广场为"万众一心"中心花坛（图6-58）。在两侧绿地的花坛布置中，各以一个主题设立连续的花坛景观，东侧花坛主题为"海纳百川万众一心共圆奥运梦"，西侧花坛主题为"天高云淡山青水碧和谐九州风"。

图 6-55　2002 年国庆节天安门广场花坛

图 6-56　2003 年国庆节天安门广场花坛

图 6-57　2004 年国庆节天安门广场花坛

图 6-58　2005 年国庆节天安门广场花坛

21）2006 年国庆，天安门广场"万众一心"中心花坛（图 6-59），直径为 60m，中心水池直径 30m，主喷泉喷高 38m，周边花坛呈螺旋式分布，极具动感；东侧花坛主题为"吉祥福娃一路欢歌迎奥运"，西侧花坛主题为"山清水秀九州新貌展宏图"，主造型包括三峡大坝、布达拉宫和青藏铁路等。

22）2007 年国庆，天安门广场中央是"万众一心"主题喷泉花坛（图 6-60），东西两侧分别是以"同一个世界，同一个梦想，喜迎奥运盛会"和"同一个家园，同一个愿望，共谱和谐篇章"为主题的画卷花坛。两侧花坛和组字灯箱花坛组成，花坛布置重点烘托首都喜庆、欢乐、祥和的节日气氛。

图 6-59　2006 年国庆节天安门广场花坛

图 6-60　2007 年国庆节天安门广场花坛

23）2008 年国庆，天安门广场是比往年简单的宫灯花坛（图6-61），不过却开创了立体花坛造型时代的先河。中心花坛东面是"同一个世界，同一个梦想"花坛，中心花坛西面是残奥会吉祥物福牛和奥运吉祥物五个福娃的运动造型花坛。

24）2009 年国庆，天安门广场中心为"普天同庆"巨型花篮（图6-62）。整个花篮占地 1200 多 m^2，直径 40m，由一个巨型花篮和如意形花坛组成，花篮顶高 14.9m，采用 10 万盆鲜花装饰而成。

图 6-61　2008 年国庆节天安门广场花坛

图 6-62　2009 年国庆节天安门广场花坛

25）2010 年国庆，天安门广场为大型"牡丹"花坛（图6-63）。花坛整体设计以"花开盛世"为主题，广场中心呈现巨型"牡丹"，中心花坛直径 50m，共耗费 40 万盆鲜花。花坛首次使用激光发射器，夜晚可以在水幕上看到变换的字样和图像。

26）2011 年国庆，天安门广场中心花坛主景是一只喜庆的大红灯笼，灯笼上嵌着"中国结"，底部衬托着由花草组成的祥云图案，南北两侧分别立有"1949—2011""祝福祖国"等字符（图6-64）。

图 6-63　2010 年国庆节天安门广场花坛

图 6-64　2011 年国庆节天安门广场花坛

27）2012 年国庆，天安门广场中心花坛以"祝福祖国"为主题，以喜庆的花篮为主景（图6-65）。花坛直径 50m、顶高 15m，以红黄两色为主打色，花篮外围环绕着花草组成的祥云图案。同时，主花坛设有灯光效果，即便是夜间游赏，也能清晰地看到"花容"。

28）2013 年国庆，天安门广场中心花坛以"祝福祖国"为主题（图6-66）。花篮首次引入 3D 裸眼技术。主景观"花果篮"顶高 18.2m，篮盘直径达 15m。"花果篮"以清代画家丁亮光的作品为灵感来源，结合传统水墨画手法，绘制的竹林代表"祝"，篮盘外侧雕刻的蝙蝠纹代表"福"，篮中花团锦簇，硕果累累，表达了富贵吉祥、平安幸福等良好寓意。

图 6-65　2012 年国庆节天安门广场花坛　　　　图 6-66　2013 年国庆节天安门广场花坛

29）2014 年国庆，天安门花坛布置主题是"践行社会主义核心价值观，突出全面深化改革实现中华民族伟大复兴的中国梦"。广场中心布置"祝福祖国"立体花坛（图 6-67），长安街沿线布置 10 处立体花坛和容器、地栽花卉（其中建国门一处，东单路口 4 处，西单路口 4 处，复兴门一处），分别以"核心价值观""歌唱祖国""生态、文明""公平诚信""友爱和睦""协同发展""和谐家园""节俭敬业""自由飞翔""科技引领"为主题。其中东单东南角的"生态文明"立体花坛是这 10 个花坛中最高的。

"祝福祖国"立体花坛直径 50m，篮盘直径达 15m，顶高 15m。花篮、中国结、牡丹、玉兰、芙蓉、月季等篮内花材，如意纹样以及红、黄主色调等各类中国传统元素的运用，均透露出浓浓的中国风，体现了中华文化的深厚底蕴。

30）2015 年国庆，天安门花坛以"祝福祖国"为主题、将花篮作为主景，打造出立体花坛（图 6-68）。花坛共摆放 8 万余株鲜花，中心是直径 40m、高 16m 的巨型花篮，篮中是利用彩色打印和喷绘技术制作的 20 多种中外花卉；篮体表面嵌有牡丹浮雕、蝠纹纹饰、如意图案等，寓意平安吉祥、和谐安康。

图 6-67　2014 年国庆节天安门广场花坛　　　　图 6-68　2015 年国庆节天安门广场花坛

31）2016 年国庆，天安门花坛以"祝福祖国，践行五大发展理念，共创美好生活"为主题，参考了清代画家丁亮光"四季花篮"的画作，花坛高 17m，篮体高 15.3m，直径 50m。篮中花材以牡丹、玉兰、荷花、月季为主，配以"梅、兰、竹、菊"等，篮体镶嵌"祝福祖国""欢度国庆""1949-2016"，表达对祖国繁荣富强、欣欣向荣的美好祝福（图 6-69）。

32）2017 年国庆，天安门最受瞩目的广场中心花坛沿袭大花果篮的经典造型（图 6-70）。篮内摆放富有吉祥寓意的果实和花卉，如柿子、石榴、苹果，以及牡丹、玉兰、月季等，寓意十八大以来，党和国家在各个领域取得的辉煌成就，硕果累累。底部花坛采用心形图案，寓意红心向党，象征着全国人民紧密团结在以习近平同志为核心的党中央周围，表达对祖国繁荣富强、欣欣向荣的美好祝福。在篮体南侧书写"祝福祖国，1949-2017"字样。篮体北侧书写"喜迎十九大"。

图 6-69　2016 年国庆节天安门广场花坛

图 6-70　2017 年国庆节天安门广场花坛

课题 2 花　　境

　　花境是一种带状自然式花卉布置的形式。它以树丛、绿篱或建筑物为背景，通常由几种花卉呈自然块状混合配置而成，表现花卉自然散布的生长景观（图 6-71～图 6-77）。在园林中，花境不仅增加自然景观，还有分割空间和组织游览路线的作用。花境一次布置可多年生长，养护管理较粗放，省工、省时，可大面积应用。

图 6-71　花境（一）

图 6-72　花境（二）

图 6-73　花境（三）

图 6-74　花境（四）

图 6-75 花境（五）

图 6-76 花境（六）

图 6-77 花境（七）

1. 花境的类型

（1）根据植物材料分类的三种花境类型

1）专类花卉花境。

2）宿根花卉花境。

3）混合式花境。

（2）按设计形式分类的三种花境类型

1）单面观赏花境。

2）四面观赏的花境。

3）对应式花境。

2. 花境的设计

花境设计的三种形式如下：

1）植床设计。

2）背景设计。

3）边缘设计。

课题 3 花　　台

花台是一种高出地面的小型花坛（图6-78、图6-79）。四周用砖、石、混凝土等堆砌作为台座，其内填入土壤，栽入花卉，一般面积较小。

1. 花台的布置形式

花台的布置形式可分为整齐式布置和盆景式布置。

2. 花台的设计位置

常设置于广场、庭院中央，建筑物的正面或两侧，较窄的道路交叉口不足以安排花坛处。

图 6-78　花台（一）

图 6-79　花台（二）

课题 4 花　　丛

花丛是一种自然式花卉布置形式，是花卉种植的最小单元或组合（图6-80～图6-82）。每丛花卉由3株至十几株组成，按自然式分布组合。每丛花卉可以是一个品种，也可以为不同品种的混交。

图 6-80　花丛（一）

图 6-81　花丛（二）

图 6-82　花丛（三）

课题 5　花池、花钵

花池是指边缘用砖石围护起来的种植床，其中灵活、自然地种上花卉或灌木、乔木，往往还配置有山石配景以供观赏（图 6-83）。它是中国式庭园、宅园内一种传统的美化环境的手法。

图 6-83　花池

花钵是指种植或插摆花卉的盛器，具有很强的装饰性，即在花圃内，依设计意图把花卉栽植在预制的种植钵（种植箱）内，待开花时运送到广场、道路两旁和建筑物前进行装饰（图 6-84 ~ 图 6-87）。花钵造型丰富、小巧玲珑，而且可以移动，能灵活地与环境搭配，既可单独陈列，又可组合搭配应用。

图 6-84　花钵（一）

图 6-85 花钵 (二)

图 6-86 花钵 (三)

图 6-87 花钵 (四)

课题 6 篱垣、棚架

篱也称篱笆，是用竹、木等材料编成的围墙或屏障。垣，是矮墙，也泛指墙，可进行垂直绿化。篱垣如图6-88所示。

图6-88　篱垣

棚架是用竹、木和铁丝等搭成，在现代的公园、绿地中，多用钢筋水泥构件建成（图6-89、图6-90）。

图6-89　棚架（一）　　　　　　　　图6-90　棚架（二）

设计篱垣、棚架需要注意的方面有：植物材料选择、位置设计、作用。

1. 植物材料选择

植物材料包括草本和木本的观花、观叶植物，草本植物如牵牛花、茑萝、铁线莲、丝瓜等，木本植物如紫藤、猕猴桃、葡萄、常春藤等。

2. 位置设计

篱垣、棚架适宜设于儿童活动场所，点缀门楣、围墙、窗台、阳台、栏杆、枯死老树、坡地等（图6-91～图6-94）。

图6-91　篱垣、棚架设计（一）　　　　图6-92　篱垣、棚架设计（二）

图6-93 篱垣、棚架设计（三）

图6-94 篱垣、棚架设计（四）

3. 作用

篱垣、棚架的作用为：丰富园林构图的立面景观；增加土地和空间的利用效率，以解决城市中局部因建筑拥挤、地段狭窄而无法用乔灌木进行绿化的困难；遮掩视线，起防范作用；还可供游人纳凉、休息。

参 考 文 献

[1] 张君艳，马济民，杨群．花卉生产技术［M］．2 版．武汉：华中科技大学出版社，2017.

[2] 刘金海．观赏植物栽培［M］．北京：高等教育出版社，2009.

[3] 车代第．园林花卉学［M］．北京：中国建筑工业出版社，2009.

[4] 曹春英，安娟．花卉生产与应用［M］．北京：中国农业大学出版社，2009.

[5] 胡惠蓉．120 种花卉的花期调控技术［M］．北京：化学工业出版社，2008.